¿Qué es eso de ... ?

Un poco de ciencia para curiosos (sepan o no sepan matemáticas)

FRANCISCO BLANCO RAMOS

ISBN: 978-10-761-2963-5

A toda la humanidad que, como decía Bécquer,
siempre avanzando no sabe "a dó camina".
Y en particular a mis padres,
que me pasaron el testigo de la existencia,
y a mis hijas que lo han tomado.

ÍNDICE

AGRADECIMIENTOS

Sería imposible agradecer aquí a tantas personas y circunstancias que han contribuido (la mayoría sin saberlo) a la existencia de este libro. Mis padres, mis hijas, mis maestros, la pareja, las amistades, los reportajes de televisión, internet, la universidad en que me formé, etc. Me conformaré por ello con agradecerles su paciencia y apoyo a quienes han leído todo o partes de él, haciéndome multitud de sugerencias siempre valiosas. Especialmente Almudena, Covadonga y Pilar.

INTRODUCCIÓN

¿Qué es eso de...?
Un poco de ciencia para curiosos
(sepan o no sepan matemáticas)

Como investigador, la curiosidad es un ingrediente esencial de mi trabajo, que consiste cada día en averiguar lo que nadie conoce aún. En mayor o menor medida todos los humanos somos curiosos, probablemente porque descendemos de quienes sobrevivieron gracias a estar al tanto de lo que les rodeaba. Muchas veces amigos y familiares me han preguntado a qué nos dedicamos los científicos, o qué era tal o cual teoría de la que habían oído hablar. Siempre ha supuesto para mí un desafío y una satisfacción el poder explicárselo, y creo que merecía la pena que esas explicaciones estuviesen disponibles para cualquiera a quien puedan interesarle. Desde luego este libro no pretende parecerse a las lecciones con mis alumnos, sino más bien a una conversación de sobremesa con los amigos, comentando curiosidades de forma amena. Los temas son sumamente variados… el tiempo, la materia, los virus, el bosón de Higgs, los números romanos, homeopatía, estadística, música, astronomía, etc.

El libro consta de relatos independientes, tratando muy distintos temas con extensiones muy diferentes. Por ello todos los capítulos pueden leerse en cualquier orden que se desee. Quizá el principal nexo de unión entre todos ellos sea la búsqueda racional del conocimiento, que es básicamente a lo que denominamos "ciencia", y que es el tema del primer capítulo. Por ello sí que recomendaría comenzar por ahí.

Aunque las matemáticas sean el lenguaje de la ciencia, no hace falta saber nada de ellas para leer este libro. En la introducción a su famosa "Historia del tiempo" Stephen Hawkings escribía…

> *"Alguien me dijo que cada ecuación que incluyera en el libro reduciría las ventas a la mitad. Por consiguiente, decidí no poner ninguna en absoluto. Al final, sin embargo, sí que incluí una ecuación, la famosa ecuación de Einstein, $E=mc^2$. Espero que esto no asuste a la mitad de mis potenciales lectores."*

Probablemente sea muy cierto ese efecto de cualquier ecuación en un libro de divulgación pero, como divulgador, creo que mi deber no es resignarme a ello sino aspirar a cambiarlo. Cuando leemos un libro sobre el antiguo Egipto nadie se asusta por encontrar un jeroglífico, y cuando nos hablan de ordenadores tampoco asusta ver una fotografía de sus micro-circuitos… ¡aunque muy pocas personas puedan entender ni unos ni otros! La clave está en que la comprensión del texto no dependa de entender esas imágenes. En este texto las pocas ecuaciones matemáticas que aparecen cumplen la misma función. Quien no pueda entenderlas no se perderá nada, simplemente debe considerarlas "parte de la decoración". Creo que un texto divulgativo no debe "esconder" cómo se hace la ciencia, y las matemáticas son un ingrediente importante en ello.

Esta colección recopila tanto temas divulgativos en los que podría considerarme un especialista (Qué es la ciencia, Qué es la relatividad, Qué es la física cuántica, Qué es "la nada", …) como temas fruto de mi reflexión personal o profesional (Cuál es el origen de las supersticiones, Qué ayudaría a cerrar la brecha de género …). Los primeros los he denominado "Curiosidades", los segundos "Reflexiones". Algunos de los temas incluidos en "Curiosidades" mezclan reflexiones y divulgación. Quizá el mejor ejemplo sea el dedicado a discutir qué es el tiempo. En ellos mi sugerencia personal sobre qué son realmente esas cosas no es más que una excusa para explicar otras muchas tan dispares como la integral de caminos de Feynman, los conos espacio-tiempo de Einstein, o el principio de mínima acción. En estos casos creo que la redacción deja clara la diferencia entre los resultados bien conocidos que explico como divulgador, y las opiniones personales que cualquiera perfectamente podría cuestionarme.

Espero que el lector disfrute con estos pequeños relatos tanto como yo he disfrutado escribiéndolos y contándoselos a mis hijas o amigos.

CURIOSIDADES

¿QUÉ ES LA CIENCIA?

Esencialmente un método y una actitud

¿Qué se quiere decir cuando se afirma que algo es o no es científico? ¿Qué es la ciencia? ¿Cómo trabajan los científicos?

No parecen preguntas muy complicadas para un ciudadano del siglo[1] 21. Probablemente al escucharlas lo primero que nos venga a la imaginación sean aviones, telecomunicaciones, ordenadores, medicamentos, productos químicos, etc. Eso debe ser lo que hacen los científicos ¿no?

Pues… no exactamente. Vivimos en un mundo tecnológico, y esa tecnología es resultado del avance científico de los últimos siglos. Por ello es muy fácil confundir "ciencia" y "tecnología". Básicamente la ciencia es un conjunto de conocimientos muy fiables, y la tecnología es el resultado de llevarlos a la práctica y aplicarlos a nuestra vida cotidiana. Los científicos son los encargados de obtener esos conocimientos usando un método que denominan "método científico", pero suelen ser los ingenieros los encargados de aplicar esos conocimientos para generar la tecnología.

---

1 Según la Real Academia Española de la lengua no está permitido escribir de esta forma un siglo, siendo obligatorio hacerlo con números romanos. Discrepo de ello, como justifico en una de mis "reflexiones". Por ello usaré aquí intencionadamente números arábigos como muestra de mi oposición a esa prohibición, y para reivindicar esta forma de escribirlos al menos en textos técnicos.

La tarea del investigador científico se parece mucho más a la del detective que a la del sabio. Su función no es la de acumular conocimientos, sino la de descubrir otros nuevos que antes nadie conocía. Para ello, por supuesto, debe conocer lo mejor posible qué es lo que ya está inventado en su campo, y qué está por descubrir. Podríamos decir que "ciencia" significa "conocimiento", pero no cualquier conocimiento, sino sólo el obtenido por ese "método científico" cuyo objetivo es darle toda la fiabilidad posible.

Precisamente esa exigencia de fiabilidad ha sido la clave de su progreso. La fiabilidad del conocimiento permite acumularlo, ya que los nuevos avances no vienen a desbaratar los anteriores sino, como mucho, a mejorarlos. Por supuesto, no estamos hablando de conocimiento infalible, sino de no escatimar esfuerzos en hacerlo tan fiable como sea posible.

El planeta que habitamos nos fue dado a los seres humanos sin manual de instrucciones, de modo que todo cuanto conocemos debió ser descubierto o inventado por nuestros antepasados. La historia de la supervivencia humana y su desarrollo ha sido la de acumular esos conocimientos generación tras generación. Desde el inicio de la edad del hierro hasta finales de la edad media, el nivel de conocimientos disponible fluctuó según los avatares de las distintas civilizaciones, pero no varió demasiado. Algo diferente ocurrió a finales de la edad media que ha provocado un avance espectacular en los últimos 400 años, y ese "algo" ha sido simplemente el adoptar una nueva actitud ante el origen del conocimiento, y el empleo de un nuevo "método" para generarlo, el "método científico" . Para entender el cambio, reflexionemos un poco sobre el origen del conocimiento.

La primera fuente del conocimiento es la observación atenta de cuanto nos rodea. Ello permite apreciar regularidades (cierto tipo de nubes traen tormenta, ciertas hierbas producen tales efectos…) Es el conocimiento empírico. Un conocimiento más profundo requiere razonar sobre lo observado para intentar entenderlo, ello aporta el conocimiento teórico. Puestos a imaginar causas, nuestros antepasados imaginaban batallas entre titanes furiosos como causa de una tormenta, mientras el meteorólogo imagina modelos del movimiento del aire. Tanto los titanes como los modelos son construcciones de su imaginación, no se "ven" por mucho que uno mire al cielo.

¿Cuál es la diferencia esencial en el procedimiento del científico? Por supuesto, para empezar, un mucho mayor esmero en la observación, que incluye medidas tan precisas como le sea posible. El estudio científico se esfuerza en manejar datos o medidas que puedan comprobarse sin dar cabida a la subjetividad. Pero la principal diferencia está en las explicaciones buscadas y en su actitud hacia ellas. Mientras el hombre primitivo se conformaba con una explicación "mítica" o sin indagar más allá, el científico aspira a más. El científico no descansa ni da por válida su explicación hasta encontrar pruebas aplastantes de que sea correcta, e incluso hasta que otros investigadores por su cuenta se convenzan también de que lo es. De hecho la validez de un conocimiento científico depende de que pueda ser comprobado y repetido por cualquier miembro de la comunidad científica[1]. Por ello los conocimientos deben ser públicos, y toda "sabiduría oculta" se considera dudosa. Ello ha tenido como consecuencia que los resultados científicos sean bastante independientes de las costumbres sociales o de las ideologías.

Tan importante como el cambio de método es el cambio de actitud. Hasta tiempos de Galileo se consideraba que todo conocimiento debía basarse en reflexiones de pensadores anteriores y el más sólido argumento para sostener cualquier afirmación era el "argumento de autoridad", es decir, apoyarse en las afirmaciones de algún otro "sabio" o "autoridad" de importancia reconocida. Por el contrario Galileo fue tal vez el primero en defender que los únicos argumentos válidos en cualquier discusión son los hechos

---

[1] Como comentaremos más adelante, esto muchas veces se pasa por alto: cada vez que oigamos "un estudio científico ha descubierto tal cosa" deberíamos preguntarnos… ¿Hay un segundo estudio que lo confirme? ¿Hay otros investigadores independientes que lo avalen o critiquen?

comprobables. El de Galileo es un cambio radical de planteamiento, que podríamos comparar con la maduración de un niño al pasar de la etapa "mis padres lo saben todo" a cuestionarse si está de acuerdo o no con lo que le enseñan.

Este planteamiento cuajó definitivamente a partir de la Ilustración y la Revolución Francesa, distinguiéndose desde entonces claramente entre conocimientos científicos y no científicos. De esta forma, por ejemplo, se separaron la química de la alquimia, la astronomía de la astrología o la medicina de la homeopatía.

A este respecto suelen citarse las palabras de Einstein sobre el libro "100 Autores contra Einstein" que en 1931 promocionaba el régimen nazi reuniendo "autoridades" de la época. Einstein simplemente decía de él "Si yo estuviese equivocado un solo autor sería suficiente."

El método científico

Aún siendo esencial el cambio de actitud ante el conocimiento, lo más característico del conocimiento científico es el disponer de un procedimiento especial para generarlo, el llamado "método científico".

Intentaremos describir ese "método", aunque ello no sea tarea fácil ya que no es ni único ni rígido. Por ello trataremos de explicar lo que podríamos llamar el modelo típico de razonamiento científico, para luego ilustrarlo con algunos ejemplos. Este procedimiento es el que define la ciencia, junto con las actitudes ya comentadas de no aceptar nunca resultados sin pruebas, de comprobar independientemente cada resultado por diferentes personas, y de no aceptar más autoridad que la de los hechos.

Un esquema típico de "método científico" podría ser el siguiente

1. Observar. Tal vez simplemente mirar, tal vez medir, tal vez informarse de lo que otros han observado.

2. Buscar explicaciones a lo observado. Aquí la imaginación es esencial y es una cualidad imprescindible para un buen científico. Las explicaciones propuestas se denominan "hipótesis". Cuantas más y más variadas sean las hipótesis propuestas, mejor. Por ello en esta etapa suele ser importante la colaboración de personas con formación variada, y el informarse de cuantas explicaciones se hayan propuesto antes sobre ese mismo suceso. En este punto es donde el científico necesita una buena formación, ¡no vaya a ser que el problema planteado ya estuviese resuelto y estemos perdiendo el tiempo!

Hasta aquí el método no tiene nada especial que no se haya venido haciendo desde la época de las cavernas. Pero el método científico sigue con dos procesos esenciales.

3. Hacer predicciones sobre las hipótesis propuestas. Se trata ahora de buscar consecuencias de las explicaciones dadas. Según la situación, esto puede suponer un simple razonamiento lógico, o requerir un cálculo matemático muy complicado. En cualquier caso se trata de plantear todas las implicaciones que tendrían esas hipótesis en caso de ser ciertas.
4. Poner a prueba las predicciones hechas con esas hipótesis. Normalmente esto es experimentar. Vuelve uno a la realidad para ponerla como árbitro de nuestras explicaciones. Las hipótesis cuyas predicciones fallaron son descartadas, las que acertaron se mantienen y se afianza nuestra confianza en ellas.

Y, aunque éste no sea "otra etapa" del método, desde luego es un elemento esencial:

5. Dejar abierta la posibilidad de otras explicaciones y, sobre todo, confirmar que personas diferentes llegan a la misma conclusión haciendo por separado sus propias comprobaciones.

Así casi siempre los experimentos se hacen buscando confirmar o desmentir una hipótesis. Si lo que se observa en el experimento es justo lo que esperábamos, entonces buenas noticias, estábamos en lo cierto. Si lo que se observa no es lo esperado entonces ¡mejores noticias aún! ya que tenemos nueva información y más resultados a los que buscar explicación. De este modo casi siempre un experimento sirve de punto de partida para volver al principio y profundizar en lo que conocemos. Por ese motivo, un experimento cuidadoso, casi nunca puede ser un fracaso ¡aún saliendo mal nos enseñará algo!

Normalmente una hipótesis sube a la categoría de "teoría científica" cuando se considera muy fiable por explicar multitud de situaciones, y tras haber sido comprobadas sus conclusiones por muchos científicos. No obstante siempre se evita el dogmatismo, dejando abierta la posibilidad de que no sea correcta y exista una explicación mejor.

Por último, si en algún caso se tiene más de una explicación para los mismos hechos, entonces suele preferirse la más sencilla, o la que requiera menos suposiciones. Es lo que se denomina "Principio de economía de hipótesis" o también "Navaja de Occam". Más que una norma rígida viene a ser un principio estético y de sentido común, para no utilizar explicaciones muy rebuscadas cuando sirvan otras más simples. No obstante los hechos son los que tienen la última palabra, y son los que suelen decidir qué teoría los explica mejor, a medida que se van acumulando datos o haciendo más experimentos.

De este modo, el que una explicación llegue a la categoría de "teoría" más o menos bien establecida no es fácil, y supone haber acumulado muchos "éxitos" a su favor. Ello explica que, en ocasiones, una teoría no se abandone inmediatamente aunque se descubran nuevos resultados que la contradigan. En esos casos lo primero que piensa uno es si no se le estará pasando por alto algún otro efecto. No se trata de que los científicos nos saltemos nuestras propias reglas, sino de puro sentido común. Puesto que cualquier teoría bien aceptada ha tenido que superar muchas verificaciones y explica muchas cosas, antes de tirarla a la basura uno intenta estar bien seguro de que realmente no funciona. Incluso teniendo claro que a veces falle, abandonar una teoría significa inventar otra nueva que explique todo lo que ya explicaba la anterior y además los nuevos resultados, cosa que puede ser muy difícil. En esos casos es frecuente intentar mantener la anterior añadiéndole algunas correcciones o, mientras no se encuentre el remedio, al menos ponerle un cartel de "ojo, no aplicar en tales y cuales casos".

Son muchos los que podrían citarse como ejemplos históricos de ese proceso de cambio de teorías (o como a veces se dice "cambio de paradigma"). Uno podría ser el paso de la teoría geocéntrica (todo el universo giraba alrededor de la tierra) a la heliocéntrica (todo giraba alrededor del sol), aunque aquella era una época poco "científica" aún. Otro podría ser la aceptación de la Relatividad de Einstein o de Física Cuántica. Incluso ahora mismo somos conscientes de estar en una etapa de este tipo: nuestras mejores teorías cuánticas y relativistas son un tanto incompatibles entre sí de modo que, mientras no tengamos otra mejor que sustituya a ambas, nos apañamos aplicándolas donde sabemos que cada una funciona.

Jugando a ser científicos

Como se ha explicado, el "método científico" no depende de la cantidad de tecnología que nos rodee, es más bien una "actitud" ante los problemas. Vamos a ilustrarlo con un ejemplo que podría ser muy cotidiano. Imaginemos que, caminando por el campo, encontramos partido el tallo de una pequeña planta. El ser observadores nos pone ya en disposición de jugar a ser científicos, ya que ese es el primer requisito. Esto parecerá una tontería, pero es esencial. Multitud de avances no ocurrieron hasta que algún investigador se fijó en detalles que muchos otros habían pasado antes por alto.

El segundo paso es buscar explicaciones. Como hemos dicho, aquí se necesita imaginación. Imaginemos qué pudo romper esa planta.

a) Ha habido un vendaval la noche pasada, y el viento rompió la rama.
b) Pudo ser algún animal el que la rompió.
c) Pudo ser un labrador, que cultivaba por la zona.
d) Pudo ser un meteorito.
e) Pudo ser un hada caprichosa, a la que no le gustaba esa planta.
f) Pudieron ser extraterrestres, que pensaron llevársela pero luego cambiaron de idea.

Bueno, seguro que se nos ocurrirían más, pero ya tenemos unas cuantas "hipótesis de trabajo" para ponernos en marcha... porque ahora llega el tercer paso: el de sacar conclusiones.

Si la hipótesis (a) –el vendaval- fuese correcta, seguramente habrá otras plantas de tamaño similar que se habrán roto en los alrededores. Además deberían quedar pocas hojas o frutos débilmente sujetos, ya que un vendaval los habría desprendido.

Si la hipótesis (b) –el animal- fuese correcta, probablemente encontraríamos huellas suyas cerca de la planta. Si se restregó contra ella, seguramente habría pelos pegados al tallo que encontraríamos con una lupa. Si la mordió o pateó, seguramente quedarían marcas de dientes o pezuñas...

Con las hipótesis (c) y (d) ocurre lo mismo. En caso de ser correctas podemos obtener consecuencias (pruebas de la actividad del labrador, o restos del meteorito...).

En todos estos casos está claro cómo aplicaríamos el 4º paso del método científico. Es cuestión de utilizar nuestras explicaciones para buscar consecuencias que no habíamos observado, pero podríamos comprobar, y volver a mirar con cuidado. De este modo, se descartan las hipótesis no confirmadas y nos quedamos con las que hayan acertado.

Por el contrario con las hipótesis (e) y (f) no podemos hacer nada.

¿Alguien sabe qué tipo de huellas dejan las hadas? ¿Alguien conoce sus costumbres? ¿Alguien ha visto el polvo de hada para reconocerlo si se encontrase por la zona? ¿Alguien sabe cómo son las huellas que dejaría un alienígena al aproximarse a una planta? ¡Tampoco sabemos si lo haría flotando, reptando, con un "rayo tractor", con "campos de fuerza invisibles" o con quién sabe qué tecnología!

Las hipótesis de la (a) a la (d) nos permiten predecir cosas que aún no hemos observado, nos permiten aplicar el "método científico". Pueden ser ciertas o falsas, pero en cualquier caso se dice que "son explicaciones científicas". Las hipótesis (e) y (f) no nos permiten avanzar, al no poder sacar conclusiones de ellas nunca las podremos ni confirmar ni desmentir. Se dice que "no son explicaciones científicas". ¡Eso no significa que sean falsas! Significa que con ellas no podemos aplicar ese método. Todo lo que añadamos a esas explicaciones (como el imaginar los motivos que tendrán hadas o alienígenas para actuar así, en qué estado de humor estaban para ello, etc., etc.) serían "conocimientos" no científicos. Ello no significa que fuesen falsos, significa que no son comprobables y por ello no son fiables.

A esta condición de las hipótesis se la denomina "falsabilidad", es decir, posibilidad de comprobar si son o no falsas. Las hipótesis (a) a la (d) son "falsables" es decir, podrían resultar falsas si los indicios encontrados las desmienten. Por el contrario las hipótesis (e) y (f) no son "falsables" ya que nadie podrá demostrar que son falsas. En eso radica su inutilidad. Por desgracia también en eso radica su atractivo, ya que, al no poderse desmentir siempre habrá quien prefiera quedarse con ellas.

La última condición (5) es también imprescindible para que el conocimiento sea científico: que no sea dogmático, que esté abierto a la crítica y a la comprobación de cualquiera que lo desee. Si alguien duda de mi explicación no debo molestarme, muy al contrario, debo invitarle a que lo compruebe por él mismo o a que aporte una explicación mejor. Esa es la forma en que los conocimientos científicos se consolidan y se enriquecen. Cualquier conocimiento que se base solamente en que "lo dijo alguien" no vale nada para la ciencia.

Por desgracia esta última condición, la exposición a la crítica y a la comprobación por otros, se pasa por alto muchas veces sin apenas darnos cuenta. Es frecuente por ejemplo oír… "según un estudio de la universidad de tal, parece ser que cual…", y dar por sentado que (puesto que es un estudio científico, hecho por científicos) debe ser indiscutible. Pues no, ese no es el camino. Cualquier investigador serio, antes de dar por válido ese resultado, se informará sobre las condiciones en que se ha hecho el estudio, los datos que ha empleado y cómo los ha tratado, las críticas favorables o desfavorables de otros investigadores en el mismo campo, etc. Normalmente si el resultado es importante lo primero que se deberá hacer será repetirlo en otro laboratorio independiente. Desde luego esa no es una buena receta para el periodista deseoso de publicar la primicia, y cabe agradecerles a los medios de comunicación el tenernos al tanto de cualquier novedad, pero… no nos sorprendamos luego de que existan desmentidos. Por poner algún ejemplo cotidiano, las recomendaciones sobre el consumo de algunos alimentos han cambiado con el tiempo, cuando nuevos estudios han puesto en cuestión otros anteriores que se habían dado por buenos sin discusión.

Desde luego los científicos no son un tipo diferente de personas, sino ciudadanos corrientes con esa profesión. Muchos somos cuidadosos, pero algunos descuidados; muchos honrados, pero también algunos tramposos; y todos podemos cometer equivocaciones. Por eso también valoramos tanto el que todo descubrimiento sea público, y a ser posible comprobado por equipos independientes antes de darlo por bueno.

Ejemplos no faltan

Tal vez la mejor forma de completar la distinción de lo que son y lo que no son conocimientos o procedimientos científicos, sea con algunos ejemplos bien conocidos.

Un ejemplo casi universal de conocimiento "no científico" son las religiones. En ellas se suele plantear un conjunto de afirmaciones que sus adeptos deben creer. Para ellas se aplican los pasos 1 y 2 (observar nuestro mundo y buscarle explicaciones). Falta el paso 3 (pensar en consecuencias comprobables), y el paso 4 (ponerlas a prueba y que todos los que hagan esa prueba estén de acuerdo en el resultado). Pero sobre todo falla el punto 5, ya que esos conocimientos no se pueden cuestionar (si alguno lo hace se considera malo), y sólo se basan en creer lo que otros afirman ¡Además consideran meritoria esa creencia sin necesidad de pruebas! De nuevo insisto en que esto no significa que sean falsas o dejen de serlo, sólo significa que no son falsables y por ello no son científicas.

Consideremos otro ejemplo, la astrología. Mientras los astrónomos se dedican a observar los cielos para medir con todo tipo de instrumentos lo que ocurre allá arriba y buscarle explicación, la tarea de los astrólogos es otra. Para el astrólogo lo que ocurre en el cielo determina nuestras vidas. Para ello cuenta con una serie de supuestas "leyes" heredadas de otros astrólogos más antiguos (que nadie se molesta en comprobar). Aquí el tratamiento no científico aparece en todos los puntos.

El primer paso no se cumple, porque los astrólogos no se dedican a observar los astros. De hecho, sus cartas y cálculos, heredados de "Tiempos antiguos", están desfasadas por el cambio que desde entonces ha sufrido el movimiento de la tierra. Por ejemplo, el sol no recorre 12 constelaciones al cruzar el cielo, sino 13 (y no tarda un mes en todas). Si naces en septiembre te dirán que tu signo es Virgo (porque antaño el sol cruzaba esa constelación por esas fechas) pero cualquier astrónomo sabe que ahora en septiembre el sol pasa por Leo.

El segundo paso tampoco se cumple. No se buscan explicaciones ¿De qué tipo son las influencias de los astros sobre nosotros? Magnéticas, eléctricas o gravitatorias están descartadas, ya que esas sabemos bien los físicos como funcionan, y desde luego no así.

El tercer y cuarto pasos tampoco se siguen, porque los astrólogos no se ocupan de averiguar si esas leyes se cumplen o no. Por ejemplo no tenemos noticia de que se dediquen a llevar estadísticas fiables sobre su porcentaje de aciertos. De hecho algunos estudios estadísticos de ese tipo nunca han dado resultados. Como ejemplo es fácil comprobar que entre los militares el porcentaje de personas nacidas bajo la influencia de Marte –el dios guerrero- parece ser el mismo que entre el resto de la población...

Por último la quinta condición no se sigue. Ante cualquier explicación que se les pida no aportan pruebas, sino que emplean "argumentos de autoridad". Esto es, afirman que su conocimiento proviene "de tiempos ancestrales" y de la autoridad de "antiguos y renombrados sabios". Como mucho, se afanan en mostrar casos en que hayan acertado, olvidando aquellos en que se hayan equivocado.

De nuevo, negarles carácter científico no significa decir que sea falso cuanto dicen, sólo es afirmar que se trata de un conocimiento ni fiable ni comprobado. Realmente es lo más parecido a otro tipo de religión. En este caso tal vez la situación sea peor, porque algunas de sus afirmaciones es fácil comprobar que no se cumplen en cuanto se hace cualquier estadística seria.

Consideremos para terminar un ejemplo de proceso científico. ¿Alguien ha oído hablar del Bosón de Higgs? Desde que se descubrieron partículas más pequeñas que los átomos a finales del siglo 19, su estudio ha sido una de las ramas más activas de la física; y el entender sus propiedades y su comportamiento, un atractivo motivo de investigación. No en balde, los átomos (y por ello, todo y todos) estamos hechos de ellas. Una de las cuestiones más intrigantes ha sido siempre el entender qué es la masa, por qué partículas tan pequeñas tienen masa (y de ahí que la tengamos nosotros y toda la materia), y por qué unas tienen más y otras menos. Eso es un hecho observable (paso 1).

Peter Higgs era uno de los investigadores que se planteaban estas cuestiones allá por los años 1960. Él propuso esta explicación: Tal vez haya en el universo un campo en el que todas las partículas se mueven. Se llamaría "campo de Higgs" y sería otro más a añadir a los tradicionales eléctricos, magnéticos, gravitatorios, etc. Según sus cálculos ese campo condicionaría el movimiento de las partículas al interaccionar con él. Así partículas que apenas interaccionasen con él se moverían con gran libertad (partículas muy ligeras), mientas que otras que interaccionasen intensamente costaría mucho moverlas (haciendo que fuesen más pesadas).

Bien, esta es una explicación (paso 2). Vamos ahora con las consecuencias de esta hipótesis (paso 3). Según las leyes de la mecánica cuántica, campos y partículas son realidades inseparables. Por ello, allí donde haya un nuevo campo debe existir una nueva partícula. Los cálculos para deducir qué propiedades debería tener esa partícula no son sencillos pero indican que, para que la teoría funcionase bien, esa partícula debería ser del tipo que los físicos llamamos "bosón", con algunas propiedades parecidas a los fotones. Así debería existir una partícula hasta entonces nunca observada que se denominó "bosón de Higgs". Si la hipótesis de Higgs era cierta, los cálculos indicaban también más o menos qué masa debería tener esa partícula, cuánto tiempo debería vivir y cómo debería formarse o desintegrarse.

Nunca se había detectado una partícula como esa (y se han detectado centenares). En parte la dificultad radicaba en que hacerla manifestarse requiere energías inalcanzables durante todo el siglo 20. Pues bien, hubo que construir una máquina de dimensiones y complejidad colosales para hacer la prueba. Participaron todos los países en una de las mayores colaboraciones internacionales que se hayan organizado. Se hizo el experimento, se buscó a ver si había algo donde debería haberlo y… ¡allí estaba la partícula! Este es el punto 4.

Por supuesto se ha respetado en todo momento el punto 5. Así en realidad se construyeron dos experimentos (ATLAS y CMS) en los que trabajaron equipos de científicos independientes, y los dos encontraron el mismo resultado. En nuestro empeño por que el conocimiento sea fiable, los científicos no "cerramos nunca un caso"; y de este modo nadie afirma que esa sea la demostración definitiva de la teoría de Higgs, sólo se afirma que "se ha encontrado una prueba a su favor". Nadie afirma de forma tajante que lo encontrado sea el bosón de Higgs, sólo se afirma que "la partícula encontrada tiene todas las trazas de serlo". Los físicos sí creemos en las casualidades, y antes de asegurar algo nos gusta estar muy seguros de que no sea una de ellas.

¿Queda sitio para el conocimiento no científico?

El éxito del "método" descrito tiene como "prueba abrumadora" el conocimiento que hemos acumulado en los dos o tres últimos siglos sobre el comportamiento de la naturaleza. Hoy sabemos con toda precisión cómo se comportan cosas que ni siquiera podemos ver, ni los antiguos sospechaban que existiesen (ondas de radio, átomos, genes, etc.) Ese conocimiento nos permite diseñar métodos para controlar la materia y ponerla a nuestro servicio. Ése es el origen de la tecnología. Este método comenzó a utilizarse en el campo de la física, la química y las matemáticas; pero conscientes de sus espléndidos resultados, otros muchos campos del conocimiento se apresuraron a adoptarlo (con más o menos éxito). Así, hoy en día, ya no se mantiene la antigua clasificación de los conocimientos en "ciencias" y "letras". Hoy en día hablamos de "ciencias sociales", "ciencias humanas", "ciencias económicas", "ciencias políticas", "ciencias de la educación", …

No obstante, en muchos de esos ámbitos el trabajo no tiene nada que ver con la tecnología y "medir" no siempre es posible, de modo que el análisis objetivo de datos es muy limitado y muy diferentes sus resultados según la temática. Así, por ejemplo, en el campo de la medicina sus avances espectaculares son una buena muestra de su efectividad. Por el contrario en otras áreas como la psicología, la política o la filosofía, la naturaleza de su estudio y la complejidad de los problemas que tratan, hace incluso dudoso que les sea aplicable.

Conscientes de la limitación del método científico en algunos campos, deberían tenerse presentes al menos las siguientes observaciones:

- Los conocimientos de origen no científico pueden tener también su valor (y en algunos ámbitos son los únicos disponibles) pero debemos ser conscientes en todo momento de que no son igual de fiables.
- Es absurdo mezclar argumentos no-científicos con argumentos científicos y pretender que los resultados tengan fiabilidad científica. Como en toda cadena, su resistencia es la del eslabón más débil. Añadir argumentos científicos a uno no-científico no lo hará más fiable.
- Allí donde el método científico no sea estrictamente aplicable, al menos sería exigible la actitud más racional posible. No debería haber excusa para que falte el observar, el buscar explicaciones, el ponerlas a prueba, y el mantenerse abierto a la comprobación por otros y a la discusión.

Por más obvias que sean esas observaciones, sorprende que muchas veces no se respeten o ni siquiera se sea consciente de su atropello.

Como ejemplo donde no se respeta la primera cabe citar la homeopatía en el campo de la medicina. Los principios de la homeopatía no se basan en estudios de laboratorio, sino en argumentos filosóficos y de autoridad. No obstante, el que algunos médicos la recomienden suele inducir a la confusión de equipararla en fiabilidad a los medicamentos convencionales, e incluso a considerarla como “alternativa” a ellos. Cualquiera es libre de creer o usar lo que le parezca, pero todos deberían ser conscientes de la diferencia: la legislación exige a cualquier medicamento “convencional” demostrar eficacia para lo que anuncia su prospecto, mientras que a los preparados homeopáticos sólo les exige garantizar no ser dañinos. Cualquier médico lo sabe, pero también sabe que añadiendo alguno de esos productos a su receta aliviará al paciente por efecto placebo, sin ningún riesgo ni efecto secundario. Es comprensible que lo hagan, especialmente en países en que un alto porcentaje de pacientes tiene fe en ellos y los demanda.

Como ejemplo donde no se respeta la segunda observación basta escuchar cualquier disquisición sobre parapsicología donde se citen resultados de mecánica cuántica en apoyo a sus afirmaciones. En una mezcla así todo el mundo debería ser consciente de cuáles son los eslabones débiles que quitan fiabilidad a todo el resultado.

En relación con la tercera observación, puede estar "de moda" en algunos ámbitos criticar el pensamiento racional o positivista. De nuevo cualquiera es libre de creer o pensar lo que le parezca, pero al menos nadie puede pretender equiparar la fiabilidad de una creencia a la de un conocimiento racional sometido a un análisis crítico y escéptico.

Por desgracia la historia nos ha dado muchos ejemplos de enfrentamientos por no saber distinguir entre conocimientos de distinto tipo. Cuando alguien confronta argumentos religiosos con argumentos geológicos al discutir la edad de la tierra, sólo demuestra saber poco de geología y tampoco entender cual es el objetivo de la religión. Me temo que de ese tipo de ignorancia aún tardaremos mucho en librarnos.

¿Potenciar el pensamiento científico?

Yo no me empeñaría en promocionar el pensamiento científico, prefiero aspirar a más. Propondría promocionar el pensamiento crítico y racional. El método científico no es otra cosa que aplicar una actitud lo más racional y sistemática posible a la búsqueda de nuevos conocimientos, pero desde luego ese no es el único ámbito donde se aplica. Cualquier juez que interroga testigos y busca pruebas, cualquier médico que explora un paciente o le pregunta qué ha comido, cualquier detective que busca pistas, el técnico que busca la avería de nuestro televisor… En todos los casos (y más nos vale que sea así) confiamos en que el profesional se base en conocimientos fiables y argumentos racionales. Yo al menos me quedo más tranquilo si veo a mi mecánico consultar un catálogo de repuestos que si le viese consultar una bola de cristal. Hay una frase de Carl Sagan que creo resume de forma perfecta el matiz: "La ciencia es más que un conjunto de conocimientos. Es una manera de pensar".

Sin ser mi favorito, creo que el género literario que mejor refleja el pensamiento racional sea el detectivesco. Cuando alguien me pregunta ¿Cómo saben eso de los átomos si no los han visto? ¿Cómo saben lo que ocurrió en el jurásico si nadie estaba allí? ¿Cómo saben de la formación de estrellas si nadie ha visto nacer una?, me gusta contestar… ¿cómo supo el detective quién era el culpable, cómo lo hizo y con qué arma, si no estaba allí? Cuando un autor hace a su detective buscar indicios, idear explicaciones, basarse en pruebas, no fiarse de nadie, etc. está dando toda una lección de método científico. Incluso la trampa puesta al sospechoso para ver si se delata, es lo más parecido al experimento para comprobar una hipótesis. Y todo ello con la más simple de las estrategias: no dar por resuelto el caso hasta que todo encaja.

Quizá en ese sentido el extremo opuesto sea la literatura de fantasía. Sin tener nada en contra de ella; hay que reconocer que las simpáticas brujas, las hadas inocentes y los superhéroes, suelen dar las mejores lecciones de comportamiento irracional. En su contexto, cualquier cosa queda justificada simplemente porque alguien tiene "poderes", sin que a nadie le importe explicar en qué consisten, ni porqué funcionan. Una mutación justifica perfectamente que alguien pueda saltarse las leyes de la física. Todo tipo de criaturas imaginarias y espíritus son la primera explicación válida ante cualquier comportamiento inesperado. Ello, por supuesto, no desmerece toda la maravillosa literatura de ficción, pero sí propondría dosificarla un poco para los niños. Un adulto disfruta de la fantasía sabiendo que lo es. Un niño puede disfrutar aún más, porque además se la cree. Eso no nos preocupa, porque confiamos en que en algún momento despertará su racionalidad y aquello pasará a ser sólo un hermoso recuerdo. El problema es que, en la actualidad, un niño no escucha ocasionalmente un cuento de hadas; sino que puede pasarse durante años muchas horas diarias bombardeado por ficción. Desde las películas y series de animación, a los relatos de fantasía, e incluso hasta la publicidad sobre sus juguetes. No estoy seguro si ello puede llegar a generar una forma de pensar difícil de cambiar más adelante.

Recuerdo unos personajes de animación favoritos de mis hijas donde, en el momento más crítico para el protagonista, su "maestro" siempre aconsejaba… "no pienses, sólo siente tu fuerza interior". Y claro está, todo iba mal cuando el personaje cometía el "error" de intentar entender o razonar la situación. La negación de lo racional a favor de lo instintivo e irracional puede ser hermosa y creativa pero acostumbra a una actitud poco reflexiva, a esperar que las cosas se resuelvan solas, a tener creencias sin buscarles explicación o conformarse con explicaciones peregrinas. Me preocupa que se esté abusando un poco de ella.

Desde luego hay que enseñar en la escuela matemáticas y nociones de ciencias, pero más importante aún es enseñar que nuestras opiniones deben basarse en hechos y evidencias siempre que sea posible, y no sobre prejuicios o suposiciones. Entender lo que hemos descrito aquí sobre cómo se hace la ciencia, requiere madurez, no basta con incluirlo en alguna lección, hace falta mostrarlo como hábito de trabajo. Más importante que saber cuándo algo es un resultado bien fundamentado y cuándo una opinión gratuita, es saber que esas dos cosas son bien distintas.

La tarea no es sencilla porque nuestro cerebro no sólo funciona racionalmente. En general le resulta incluso más sencillo utilizar mecanismos irracionales: prejuicios, primeras impresiones, confianza en lo que creen otros, repetir algo si una vez pareció funcionar, etc. Aunque todo ello sea poco fiable, no se trata de un defecto sino de una cualidad evolutivamente muy valiosa para sobrevivir. Pensar que todos los perros son agresivos porque uno nos mordió, desde luego es falso, pero nos pondrá a salvo de más mordeduras. Se trata de usar atajos no racionales cuando falta información, o no hay tiempo para conseguirla o contrastarla. Los conocimientos racionales son más eficientes y fiables a largo plazo; por ello, cuando sí tenemos sobrado tiempo y oportunidades de analizar nuestras creencias, es irresponsable y negligente seguir dando validez a resultados dudosos. A estos mecanismos, engañosos y poco fiables, pero que determinan muchas veces nuestras reacciones y decisiones, se denominan en psicología "sesgos cognitivos", y volveremos a hablar de ellos más adelante.

UN NÚMERO QUE SE LLAMA E

No escapa uno del colegio sin oír hablar de un número que se llama pi. Aparece con la circunferencia, pero luego viene a colarse en todo lo que sea redondo o gire (volumen o superficie de un cilindro, un planeta, un tonel, una plaza de toros, etc.) Por el contrario, de un número llamado e nadie oye hablar hasta muy avanzado el bachillerato. Vale 2.718... y se llama "e" por Euler, matemático que descubrió algunas cosas interesantes sobre él.

Veamos algunas situaciones cotidianas donde puede colarse este numerito o la fracción dada por su inverso 1/2.718…=0.3678…, es decir el 36.78…% de una unidad.

Si creemos a Gulliver y sus viajes por Liliput, los habitantes de aquel país eran tan pequeños que la superficie de sus cabezas debía ser aproximadamente 1 centímetro cuadrado. Imaginemos que cierto día cayese en Liliput una ligera llovizna de tan solo una gota por cada centímetro cuadrado. Como consecuencia, caerían en la cabeza de Gulliver unas 200 gotas, puesto que 200 cm^2 es la superficie aproximada de una cabeza humana. Por el contrario, dado su pequeño tamaño, los liliputienses que paseasen por la calle recibirían en promedio sólo una gota por cabeza. Pero claro está, repartidas al azar no todos acabarán igual de mojados. ¡Mientras los más desafortunados se lamentarían por haber recibido varias gotas, otros no llegarían a mojarse! De hecho un cálculo sencillo indica que más de un tercio de ellos (aproximadamente el 37%, es decir, 100 dividido entre e) llegaría a su casa con la cabeza seca.

¿Tendrá algo que ver el número e con el agua? Veamos otro ejemplo.

En cierta granja tenemos un depósito de 100 litros de capacidad lleno de agua. Su contenido se renueva lenta pero constantemente, porque a un extremo le llega el pequeño chorro de agua limpia de un manantial cercano, mientras el depósito rebosa por el otro extremo. Como el manantial produce unos 100 litros de agua diarios, yo siempre había pensado que el agua del depósito se renovaba completamente cada día. En cierta ocasión cayó por accidente un poco de añil en el depósito que dejó el agua completamente azul. Para eliminarlo podríamos haberlo vaciado, y esperar a tenerlo lleno de agua limpia al final del día. En lugar de eso decidimos esperar a que el colorante se fuese solo, confiando en que tardaría más o menos lo mismo. ¡Pero no fue así!

Al principio la tinta salía rápidamente porque cada litro de agua limpia que entraba hacía rebosar un litro de agua azul por el otro extremo, pero hacia el medio día ya me di cuenta de que no había sido buena idea: Al ir aclarándose el depósito, el agua que rebosa cada vez lleva menos colorante y la limpieza se hace cada vez más lenta. Al final del día el agua estaba aún bastante azul.

En realidad debí haberlo previsto. Un pequeño cálculo demuestra que, cuando hayan pasado así 100 litros por un depósito de 100 litros, aún seguirá en él más de un tercio del agua original (con su tinta). Exactamente debe quedar el 37% de la tinta (de nuevo 100 dividido entre e).

¡Otra vez el número e de Euler y agua de por medio! Veamos otro ejemplo.

En cierto concurso a cada pescador se le permite sacar hasta 10 piezas del agua, pero sólo quedarse con una. El resto debe devolverse enseguida al río. ¿Algún consejo para quedarse con el pez más gordo? Desde luego no es buena idea quedarse con el primero que salga aunque parezca grande ¡si no conozco ese río tal vez abunden allí los ejemplares mucho mayores! Tampoco sería buena idea esperar al último, pues daría mucha rabia que fuese una birria habiendo dejado escapar otros mejores. Según algo llamado "Teoría de la Parada", la mejor estrategia es la siguiente: Averiguar primero el tamaño típico de los peces en esa zona, descartando las primeras capturas (un 37% de las permitidas) y tomando nota de sus tamaños; y a continuación quedarse con el primero que supere al mejor de los descartados. Ninguna estrategia puede garantizarnos el éxito, pero sí puede demostrarse que ésta asegura la mayor probabilidad de lograrlo.

Definitivamente parece claro que ese famoso número e tenga algo que ver con el agua... ¡Pues no!, como muestra el siguiente caso.

De pequeño me encantaban las colecciones de cromos, aunque me fastidiaba un poco encontrar cromos repetidos. Al iniciar una colección casi nunca ocurre, pero cuando ya estás acabándola lo más probable es que cualquier cromo que te llegue sea uno que ya tenías. Es casi imposible terminarlas, a no ser que intercambies cromos con otros amigos o le pidas a la imprenta exactamente los últimos que te faltan. Para que os hagáis una idea, una vez que me regalaron un álbum de 1000 cromos y dinero suficiente para comprar 1000 cromos. ¡Más de la tercera parte de ellos me salieron repetidos! Ya de mayor entendí que no fue mala suerte, sino lo que cabe esperar en estos casos con cromos elegidos al azar: cerca del 37% (de nuevo 100/e) se repetirán al menos una vez.

En el primer y último ejemplos el número e (=2.718...) surge de algo que los matemáticos llaman límite Poissoniano de una distribución Binomial. En el caso del estanque surge de algo llamado ecuación diferencial y su solución exponencial. Con orígenes tan "exóticos" no es de extrañar que este numerito sea poco conocido. A pesar de eso, tampoco es de extrañar que tenga nombre propio, por esa costumbre de aparecer en las situaciones más cotidianas con tanta frecuencia como lo hace el pi (con el que, por cierto, Euler descubrió que está relacionado).

A quien ya no recuerde la época en que se interesaba por cromos, peces o historias de Gulliver, tal vez convenga advertirle que puede encontrarse el número e en su cuenta bancaria. Para simplificar cálculos imaginemos una cuenta que permitiese ingresar o retirar su dinero en cualquier momento ofreciendo un interés anual del 100%. Si hoy colocase en ella un euro, dentro de un año se habrá multiplicado por 2, ya que al retirarlo el banco me daría otro de intereses. No es mal negocio pero, si uno piensa un poco, podría sacarle aún mejor partido así: Pasado medio año retiro el euro recibiendo sólo medio de intereses, y a continuación vuelvo a entregar al banco el euro y el medio de intereses; de modo que el medio año restante no haya sólo un euro produciendo beneficios, sino un euro y medio. La estrategia sería aún más productiva si la repitiese mensualmente, de forma que los intereses producidos cada mes pasarían a ser productores de beneficios durante el resto del año. Un cálculo sencillo indica que con esa estrategia mensual mi dinero no se habría multiplicado al final de año por 2 sino por 2,6. De hecho esto es lo que los bancos denominan interés compuesto, y es al que se refieren cuando nos hablan de la TAE (tasa anual equivalente)[1]. Si alguien, cegado por la avaricia, está pensando en aumentar aún más los beneficios repitiendo la operación todos los días o incluso cada 5 minutos, tengo que desilusionarle. En el límite imaginable de que uno repitiese la operación continuamente sin separarse de la ventanilla, no podría superar un factor 2.718 de beneficios ¡que es precisamente el número e! Eso está ya inventado, y en términos financieros se denomina interés continuo.

---

[1] El "interés simple" se suele considerar anualmente (en nuestro caso, al 100%, cada euro genera otro euro al cabo de un año). Un interés compuesto suele considerarse mensualmente como hemos visto, de modo que el rendimiento es mayor (1.6€ al final de año en nuestro ejemplo). Se llama "Tasa anual equivalente" (TAE) al interés simple que daría el mismo resultado que el compuesto (que sería un 160% en nuestro ejemplo).

UN POCO DE NADA

Nuestra idea cotidiana de lo que es "la nada" probablemente se parece bastante a lo que pensamos contemplando un frasco de mermelada ya vacío, sobre todo si somos lo bastante golosos como para apurar hasta el último resto... Veremos que vaciarlo por completo es bastante difícil.

Para empezar, incluso después de pasar por el fregadero, es fácil que alguien destape un frasco y note algún olor al producto que contuvo. Podríamos decir que está lleno de "olor", pero es más correcto decir que aún quedan muchos millones de moléculas pegadas a sus paredes, que lentamente se van evaporando, y que un olfato sensible detecta con facilidad. Hace falta una limpieza realmente concienzuda para librarse de todas ellas.

Bueno, y si hemos hecho esa limpieza a fondo ¿ya podemos decir que está vacío? Pues eso hubiesen pensado los antiguos, pero desde tiempos de Torricelli (a finales del renacimiento) sabemos que aún está lleno de aire. Para un frasco de tamaño medio nada menos que unas 6.000.000.000.000.000.000.000 moléculas de oxígeno y nitrógeno (10 veces más que litros de agua hay en todos los océanos).

Ese número nos puede parecer disparatado, pero es que átomos y moléculas son tan pequeñitos, que cualquier cantidad apreciable de sustancia contiene números enormes de ellos. En física y química se denomina "mol" de una sustancia a unas

$N_A = 600\ldots(23\text{ ceros})\ldots00 = 6{\cdot}10^{23}$

partículas de ella. Ese es el denominado "Número de Avogradro". Nótese que un mol de una sustancia no es una cantidad fija de materia, sino un número fijo de partículas suyas. Cuántos gramos pesen un mol de cierta sustancia, dependerá de cuánto pese cada una de las partículas. Un mol de agua pesa 18 gramos, uno de carbón 12 gramos (porque los átomos de carbono son algo más ligeros que las moléculas de agua), un mol de aire son unos 30 gramos de aire (que ocupan unos 22,4 litros en condiciones normales), etc. De ese modo, el Número de Avogadro viene a ser el número de átomos o moléculas que hay en cualquier pequeña cantidad de material que podamos tener en una mano. Al estimar ese número de moléculas de aire dentro de nuestro frasco he tomado 100 veces menos que el Número de Avogadro, es decir, una centésima mol, que correspondería a un frasco de unos 224 centímetros cúbicos.

Imaginemos que no nos damos por vencidos y hemos hecho el vacío en su interior. utilizando algún sofisticado sistema de bombeo para cerrarlo herméticamente después. ¿Ya no hay nada dentro? Bueno, en caso de que sea de cristal será fácil observar su interior, y si lo podemos ver vacío... ¡eso es que no está vacío! Nótese que "poder ver su interior" significa que hay luz entrando y saliendo de él, que llega a nuestros ojos, y eso no es precisamente "la nada".

La luz es energía transportada por campos eléctricos y magnéticos, y el interior está lleno de ellos si es que podemos verlo. De hecho la luz es sólo una pequeña parte de toda la energía electromagnética que nos rodea. Basta pensar en la multitud de señales de radio, televisión, microondas, GPS, telefonía, infrarrojos, etc. en que estamos inmersos. Para "vaciar" de ellas el interior del frasco tendríamos que rodearlo de algún blindaje metálico de un espesor apreciable. Aunque un buen blindaje impidiese la entrada de cualquier radiación exterior, aún habría dentro una buena cantidad de ella: el calor (radiación infrarroja) que emiten las paredes y el propio blindaje. Esa radiación "térmica" la emitimos todos y todo, más cuanto más calientes estemos y menos cuanto más fríos. Aunque sea casi imposible de eliminar por completo, casi lo lograríamos enfriándolo hasta cerca de 300ºC bajo cero.

Bueno, no ha sido fácil, pero hemos logrado un frasco bien vacío. Dentro de él ya no hay ni aire ni radiación ni ¿nada? En realidad queda algo que ya no podemos sacar: hay espacio y hay tiempo. Aunque el filósofo del siglo[1] 18 I. Kant y sus seguidores defenderían que eso del espacio y el tiempo no es algo real sino un simple fruto de nuestra imaginación, me temo que ese tipo de argumentos no son posibles ya desde los tiempos de Einstein. Con él aprendimos los físicos que el espacio-tiempo es algo enormemente tangible... Una pequeña deformación suya (la gravedad) nos arrastra con fuerza irresistible atándonos a la tierra, y pequeñas ondulaciones suyas propagan todas las formas de radiación. Podríamos eliminar la gravedad alejándonos bastante de la tierra o cualquier otro astro cercano, pero suprimirla a ella y a todas las radiaciones no significa eliminar el medio en que se propagan: Sería como creernos que hemos hecho desaparecer el océano porque hubiésemos logrado eliminar todas sus olas.

Pues eso es lo que nos quedaría finalmente, el *espacio* vacío. Un recipiente vaciado de materia y radiaciones, pero lleno de un océano complejo que la física moderna se esfuerza por estudiar y comprender. Por lo que sabemos hasta ahora, ese océano de "nada", es bastante aburrido a nuestra escala, pero mirado a escala sub-microscópica posee una tremenda complejidad que suele denominarse "vacío cuántico"[2]. Es un verdadero caos bullicioso de todo tipo de ondas y partículas creándose y aniquilándose de forma fugaz, pero incesante y

---

[1] Ver el penúltimo capítulo sobre la numeración latina para los siglos.

[2] La expresión "vacío cuántico" no se refiere a ningún tipo especial de vacío, se refiere a que el vacío es cuántico si queremos describirlo a la escala más pequeña.

eterna. ¿Verdad que no parece muy correcto llamar "nada" a algo tan complejo?

¿QUÉ ES LA TEORÍA DE LA RELATIVIDAD?

-...Papá, he oído que la relatividad es uno de los mayores descubrimientos del siglo 20, ¿quién la inventó?

-No hijo, no se descubrió en el siglo 20 sino en el 17, y fue Galileo..."

Una conversación como esta podría sorprender a más de uno, pues ¿No fue Einstein el famoso inventor de esta "moderna y extraña" teoría? Pues no, lo que hizo Einstein fue defender con fundamentos más sólidos la vieja "relatividad" de Galileo, sobre la que había bastantes dudas a principios del siglo[1] 20. Cierto es que Einstein amplió la idea sacándole tanto partido que la palabra "Relatividad" ha quedado asociada a su nombre.

Comencemos por el principio.

Un recorrido histórico

Antes del siglo 17 se pensaba que viajar a altas velocidades sería incomodísimo por más suave y amortiguado que se moviese el vehículo. Ellos suponían que, a altas velocidades,

---

[1] Ver el penúltimo capítulo sobre la numeración latina para los siglos.

la tendencia natural de todas las cosas que rodean a un viajero sería quedarse atrás en cuanto se las dejase sueltas. Incluso el cuerpo del viajero debería sujetarse para no irse a la parte trasera del vehículo.

Ellos no disponían de grandes velocidades para comprobarlo, pero nosotros sí, y hoy sabemos que estaban equivocados: Por ejemplo a 900 km/h (que es la velocidad de una bala, y la habitual viajando en avión) no se nota nada "extraño" durante un vuelo suave. Tampoco al soltar las cosas se ve que salgan disparadas de nuestras manos como proyectiles hacia la parte trasera del avión. Tampoco nos cuesta más caminar por el pasillo del avión en dirección a la cabina o a la cola (a no ser que el avión vaya inclinado).

En el siglo 17 Galileo intuyó que las cosas debían comportarse así, y su gran mérito fue darse cuenta de ello incluso sin disponer de velocidades suficientemente altas para comprobarlo. Galileo afirmaba: "Dentro de un vehículo no existe ningún indicio que nos diga si está moviéndose veloz o está parado. La única manera de saberlo es mirar algo de fuera para comprobar si nos movemos *En relación con* lo que nos rodea".

Esto es lo que se llama "*Principio de Relatividad de Galileo*". En palabras llanas, significa que decir de algo "eso se mueve" sólo tiene sentido si nos refiramos a que "se mueve respecto a ...".

No sabemos si esta misma idea existió en tiempos más remotos para caer luego en el olvido. Por ejemplo, en la película "Ágora" se sugiere que Hypatia, su protagonista, lo había descubierto 1200 años antes dejando caer un peso desde el puesto de vigía de un barco en movimiento, y observando que llega a la cubierta igual que si el barco estuviese parado. En cualquier caso, debemos a Galileo el haberlo descubierto para nosotros.

Durante los siglos 18 a 19 se descubrieron muchas cosas que Galileo no hubiese podido imaginar como son el comportamiento de la electricidad, o que la luz son ondas de campos eléctricos y magnéticos. Entonces algunos volvían a preguntarse, como hicieran los antiguos, si dentro de un vehículo muy veloz ocurrirían cosas extrañas: ¿Se atraerán de distinta forma un par de imanes? ¿Dejarán de funcionar o se comportarán de forma rara los electrodomésticos y demás aparatos electrónicos? Nadie tenía claro cómo se comportaría la luz a altas velocidades. Según cuenta Einstein, de joven él se preguntaba ¿Cómo veríamos un rayo de luz si viajásemos junto a él a su misma velocidad? ¿Tal vez lo veríamos parado a nuestro lado? ¡Luz congelada!... eso está prohibido por las leyes que rigen la propagación de los campos eléctricos y magnéticos y supondría que tales leyes fallarían a esas velocidades. Además, con la luz haciendo semejantes anomalías, ¡probablemente ni siquiera podríamos "ver", o las imágenes y colores tendrían todo tipo de distorsiones!

Claramente, si ocurriesen ese tipo de efectos cuando se viajase a semejantes velocidades, notaríamos enseguida que nos estamos moviendo sin tener que "mirar fuera del vehículo", y sería falsa la *relatividad* de Galileo.

Hoy sabemos que nada de eso ocurre, pero, como los más antiguos, tampoco los científicos disponían de velocidades suficientemente altas para comprobarlo en los siglos 18 y 19. Al fin y al cabo la luz se mueve un millón de veces más rápido que un avión comercial o una bala (viaja a 1.080 millones de km por hora).

A principios del siglo 20 Einstein intuyó cómo se comportarían realmente las cosas. Su gran mérito fue darse cuenta de ello, incluso sin disponer de velocidades suficientemente altas para comprobarlo.

Einstein repetía las palabras de Galileo, pero afirmando que dentro de un vehículo veloz no sólo se comportan normalmente los objetos que acompañan al viajero, sino absolutamente todo: cualquier cosa que funcione con electricidad, los efectos magnéticos, y la misma luz (que no es otra cosa que ondas eléctrico-magnéticas). Dentro de un vehículo, la única forma de saber si estamos parados o si viajamos suavemente sigue siendo mirar fuera. Esto es, comprobar si nos movemos *"en relación con"* otras cosas. Esto se llama *"Principio de Relatividad de Einstein"* o *"Relatividad Especial"*.

Consecuencias de la teoría de la Relatividad Especial

La primera consecuencia del principio de relatividad es de tipo casi filosófico: El movimiento es algo relativo, siempre hay que especificar "respecto a qué". No tiene sentido decir si algo se mueve o esta parado a secas, solo tiene sentido hablar de si algo se mueve o no "respecto a" otro algo. Por ejemplo, no tiene sentido preguntarse si un automóvil transportado en un barco se mueve o está parado. Solo tiene sentido decir que respecto al barco está parado, y que respecto a la costa se mueve.

Cuando se analiza en detalle este "principio" en apariencia tan simple, sorprende la cantidad de consecuencias que de él se derivan, algunas nada fáciles de asimilar.

Por orden de "extrañeza" citaremos algunas de esas consecuencias:

- No se nota ninguna anomalía dentro de un vehículo, por muy veloz que viaje. Lo único que pueden detectarse son los cambios de velocidad, esto es, las aceleraciones por vaivenes, baches, cambios de dirección, etc. La velocidad a la que se viaja (respecto a lo que sea) no es posible averiguarla más que "mirando fuera" para comparar con ello.
- Las ondas de luz se ven igual de rápidas, sin importar si están parados o no el observador o el que las emite. Ello es inevitable si de verdad el movimiento es relativo, y si campos eléctricos y magnéticos (de los que está hecha la luz) tienen que comportarse igual a cualquier velocidad. ¡Pero ésta es también la gran peculiaridad de la luz! La velocidad de cualquier proyectil depende de si se movía o no el arma que lo disparó, o de si nos movemos respecto a él; la de la luz es fija e igual para todos.

- La máxima velocidad alcanzable es la de la luz, y a esa velocidad no puede viajar ningún objeto material (sólo cosas sin masa como luz o información).
- Dos sucesos que ocurren a la vez para un observador, puede que para otro no ocurran a la vez.
- El tiempo transcurrido entre dos sucesos depende de cómo nos movamos, y en concreto nos parecerá más corto si se mueven respecto a nosotros.
- Las distancias, el tamaño de los cuerpos y su masa (o inercia) dependen de si se los observa parados o moviéndose.
- La materia no es otra cosa que energía muy concentrada según la famosa relación $E=mc^2$ (es decir un gramo de cualquier material son 25 millones de kWh comprimidos). Esta es precisamente la fuente de energía del sol o las centrales nucleares: desintegrar materia dejando libre la energía de que está hecha.

No mostraremos aquí cómo, efectivamente, todos estos resultados son consecuencia directa del principio de relatividad de Einstein ¡eso requeriría todo un libro![1] Quizá el resultado más fácil de explicar, de los anteriores, sea el quinto punto; que en algunos casos hará que pase menos tiempo para un viajero que para quien le espera parado. Por ello dedicaré los dos siguientes apartados a analizarlo.

Muchos de estos efectos sólo son apreciables para velocidades comparables a la de la luz. Por ello, no siendo en absoluto cotidianos, nos resultan chocantes y hasta pueden parecer absurdos a primera vista. No nos ocurre así sin embargo a quienes los observamos a diario en laboratorios y centros de investigación. Para nosotros esta teoría es la

---

[1] El lector no debería quedarse con la sensación de “no he entendido esas explicaciones" (por ejemplo que materia y energía sean equivalentes según $E=mc^2$). ¡Realmente no he dado ninguna explicación! Lo único que pretendo es informar al lector de que esos efectos son resultado del principio de relatividad. El demostrar todas esas cosas es largo, y no es lo que se pretende en esta breve exposición.

herramienta indispensable con que describir correctamente multitud de fenómenos.

Un ejemplo de la contracción temporal

A cualquiera le sorprende que algo tan familiar como el tiempo dependa de quién lo observe. Por suerte la relatividad del tiempo es muy sencilla de mostrar basándose en la constancia de la velocidad de la luz, mediante un experimento "imaginado" de los que tanto gustaba usar Einstein.

Imaginemos un reloj construido con luz. En vez de un péndulo que oscila de un lado a otro, su tic-tac va a ser un destello de luz que "rebota" reflejándose entre dos espejos colocados en el techo y el suelo. Igual que el péndulo de un reloj marca su ritmo, pero necesita de su mecanismo para no pararse; nuestro reloj dejaría de funcionar cuando el rayo de luz fuese extinguiéndose tras unas cuantas reflexiones. Por ello, supondremos que cuenta con algún sistema electrónico que amplifica el destello de luz en cada rebote, y así lo mantiene funcionando.

Si la altura del techo respecto al suelo es A, y el rebote ocurre en vertical, la duración de nuestro "tic" (el tiempo entre cada rebote) será $t_0=A/c$ para el reloj en reposo (el tiempo que tarda la luz en recorrer la altura A a una velocidad c). Para una altura de 3 metros eso supondría sólo 10 nano-segundos, es decir 10 mil-millonésimas de segundo. Es poco, pero perfectamente medible con un instrumento adecuado. De hecho, un microprocesador a 1GHz hace 10 operaciones en ese tiempo, y el que lleva cualquier smart-phone suele ser incluso más rápido.

Supongamos ahora que el reloj viaja en un tren muy veloz, y que lo observa pasar alguien desde el andén de la estación. Como todo en relatividad, para que el efecto sea apreciable hace falta una velocidad altísima, cercana a la de la luz... ¡al más veloz de nuestros trenes no le da tiempo a moverse ni un milímetro en un tic-tac de este reloj!

Si la velocidad del tren fuese comparable a la de la luz, como en la figura, el observador del andén vería el rayo de luz seguir una trayectoria claramente oblicua, y por tanto más larga en cada rebote. Como para ambos la luz debe moverse a la misma velocidad, obviamente para el que observa el recorrido más largo (oblicuo) debe haber pasado más tiempo. Por ese motivo, en la figura se distingue entre el tiempo entre rebotes t_0 que ve quien tiene el reloj parado a su lado, y el t_v que ve quien lo observa pasando a velocidad *v*.

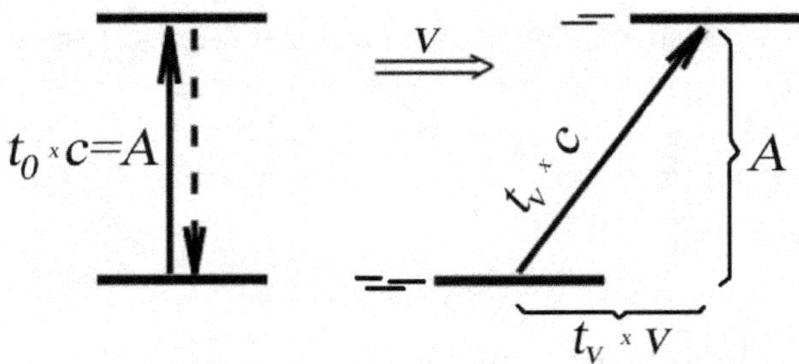

Tiempos marcados por un reloj en reposo t_0 y en movimiento t_v.

Aunque no hace falta ningún cálculo para ver que t_v es más largo que t_0 , la figura ilustra cómo determinar exactamente la relación entre ambos. Se trata simplemente de comparar las distancias vertical y oblicua, y recomiendo ignorarlo a quien no tenga soltura con las matemáticas. El cálculo será sencillo para quien recuerde de su etapa escolar el teorema de Pitágoras: el cateto *A* debe estar relacionado con la distancia recorrida en diagonal $t_v{\times}c$ y el desplazamiento en horizontal $t_v{\times}v$ según $A^2=(t_v{\times}c)^2-(t_v{\times}v)^2$, de modo que $A=t_v{\times}\sqrt{1-v^2/c^2}$. Comparando eso con $A=t_0{\times}c$, es inmediato concluir que ambos tiempos deben estar exactamente en la proporción $t_0/t_v=\sqrt{c^2-v^2}/c=\sqrt{1-v^2/c^2}$.

Para un reloj que usase una pelota rebotando en vez de un rayo de luz, el argumento no serviría: podríamos defender que el tiempo es el mismo para ambos observadores y que la pelota se mueve más rápido respecto al del andén por viajar con el tren. Pero tratándose de luz esto no puede ser, ¡precisamente habíamos quedado en que su velocidad debe ser la misma se observe cómo se observe! Y si vemos a la luz recorrer una distancia más larga con la misma velocidad es que ha pasado más tiempo entre rebotes, en concreto en ese factor $t_v = t_0 / \sqrt{1 - v^2/c^2}$. Ésta es una de las denominadas transformaciones de Lorentz, que describe la dilatación relativista del tiempo. Otra parecida podría deducirse para las longitudes, resultando que deben acortarse.

De este modo, la clave de todo el argumento es el mantener la misma velocidad de la luz para todos los observadores, cosa inevitable si debe mantenerse el principio de relatividad: De no ser así, cualquier laboratorio sabría si está parado o moviéndose sin mirar fuera, simplemente midiendo la velocidad de "su" luz; mientras que el principio de relatividad consiste en no tener sentido ese "moverse" a secas, sólo "moverse respecto a algo".

La paradoja de los gemelos

El anterior resultado tiene un aspecto sutil que conviene aclarar. A primera vista parece indicar que el tiempo pasa más lentamente en el tren que en el andén en ese factor $\sqrt{1 - v^2/c^2}$; pero no es así, y ello se suele llamar "la paradoja de los gemelos".

Supongamos que nuestros observadores en el andén y el tren fuesen dos gemelos, y que a la vista de ese resultado el que está parado cree estar envejeciendo más rápido. Vale, pero ¿cuál está parado? Como el movimiento es relativo ¡el del tren podría decir que es él quien está parado y que su hermano del andén es quien se mueve y envejecerá menos!

Efectivamente, con uno de nuestros relojes junto a cada observador, usando el mismo argumento, cada uno aseguraría que es el suyo el que marcha más rápido y el otro el que va más lento. Realmente eso no supone una contradicción, lo que muestra es que el tiempo transcurrido entre dos sucesos es relativo; que dependiendo de cómo se muevan y de la distancia entre ellos, cada observador tendrá su propia versión del tiempo que los separa[1].

Ese resultado no permite afirmar que uno de ellos esté "envejeciendo" más rápido que el otro, porque esa diferencia de tiempos proviene de medir dos sucesos (los dos rebotes de ese reloj) que no están en las mismas condiciones para ambos. Para el del tren los dos rebotes ocurren en el mismo sitio a su lado, mientras para el del andén están separados por la distancia que el tren recorrió entre uno y otro.

Supongamos que nos empeñamos en comparar los tiempos transcurridos para nuestros dos observadores. Para ello le damos un cronómetro igual a cada uno, y los ponemos a cero en el momento de cruzarse en la estación. Como acabamos de explicar, cada uno tendrá su versión de lo rápido que avanza el que tiene en su mano y el que ve pasar… y no podremos hacer más comparaciones dado que se alejan rápidamente. ¿Y si los volviésemos a reunir? Pues el problema es que ello ¡cambiaría totalmente las condiciones! Para reunirlos, y poder comparar el tiempo transcurrido por cada reloj; uno de ellos (o ambos) tendrá que cambiar su velocidad e ir al encuentro del otro. O bien el del tren frenar y volver, o bien el de la estación acelerar para alcanzarlo. Si hacemos eso, ya no puede cualquiera decir que es el otro quien acelera, la aceleración no es relativa y se nota perfectamente dentro de cualquier vehículo quién aceleró y quién no.

El cálculo del tiempo con la velocidad cambiante, cuando hay aceleraciones, resulta más complicado y no lo detallaremos aquí. El resultado de ese cálculo, muestra que para quien acelera es para quien finalmente el tiempo pasa más despacio. De este modo, si un gemelo acelera para marcharse de viaje, después frena, y luego vuelve a acelerar para dar la vuelta; habrá pasado menos tiempo para él, y será

---

1 Cuando dos sucesos se observan en el mismo lugar se encuentra siempre el tiempo más corto entre ellos, que se denomina "tiempo propio". En este ejemplo, el "tiempo propio" de cada uno es el que marca el reloj que tiene parado a su lado.

más joven al reencontrar al hermano que no cambió de velocidad en ningún momento.

En expresiones como las que hemos obtenido interviene la enorme velocidad de la luz "*c*", por lo que los efectos sobre el tiempo son insignificantes a las velocidades cotidianas; sólo son apreciables para velocidades próximas a "*c*". Por ejemplo, si viajásemos al 80% de la velocidad de la luz, esa expresión supondría un factor 0.6: ¡por cada 10 segundos en el reloj del viajero el del andén sólo marcaría 6! Por el contrario, viajando "sólo" a la velocidad del sonido (340 m cada segundo), en un año de viaje sólo nos retrasaríamos 40 millonésimas de segundo[1].

No sé si algún día podremos viajar tan rápido, pero en muchos laboratorios modernos son habituales experimentos con partículas a esas velocidades, y para ellas los efectos relativistas son muy fácilmente apreciables. Por más que nos sorprenda, si algún día hay vehículos tan veloces, el horario de las estaciones tendrá que especificar por separado la duración del viaje "para el pasajero" y "para quienes le esperan".

Nótese que, en algunos casos, lo pequeño de estos efectos no los hace menos importantes. En particular la deben tener en cuenta nuestros sistemas GPS. Una corrección de una parte entre un millón puede parecernos insignificante, pero cuando tenemos el satélite a varios millones de metros de distancia, ignorarla significaría errores de varios metros en nuestra ubicación.

La aceleración y la Relatividad General

En física disponemos de dos "Teorías de la Relatividad". La llamada "Relatividad Especial" es la que acabamos de describir; fue la primera desarrollada por Einstein, y se refiere al comportamiento de la naturaleza cuando intervienen elevadas velocidades, pero sin aceleraciones. Nos permite

---

[1] Tiempos pequeñísimos que sí se han detectado con relojes atómicos más precisos.

describir cómo se relaciona el tiempo, el espacio, y la energía entre distintos sistemas en movimiento, mediante algunas ecuaciones denominadas "transformaciones de Lorentz" (de aspecto similar a la mostrada antes al comparar tiempos).

Describir las aceleraciones con esta teoría ya he indicado que se complica un poco, pero no demasiado. A cualquier físico se nos hubiese ocurrido cómo hacerlo con un poco de matemáticas: Si un sistema acelera, dentro de un rato tendrá una velocidad algo distinta; de modo que podría considerarlo como otro sistema diferente y aplicar entre ambos las transformaciones de Lorentz. De ese modo, tramo a tramo, podríamos describir para un sistema que va ganando velocidad, cómo van cambiando las distancias, el tiempo, la energía, etc. Básicamente lo que se encuentra en esos casos es que el tiempo y las distancias se deforman en un sistema acelerado.

Pero Einstein era Einstein, y fue mucho más allá. Cuando se puso manos a la obra no sólo logró eso sino, además, dar una interpretación totalmente nueva a las fuerzas de gravedad, y descubrir para ellas propiedades antes insospechadas. A esa segunda teoría se denomina "Relatividad General", por incluir todos los casos con y sin aceleración. A ella es a la que, además, debemos descubrimientos como los agujeros negros, las ondas y lentes gravitacionales, e incluso poder entender la evolución del universo desde el big bang. Aunque eso sea tema de otro relato, vamos al menos a esbozar por qué acabó entrando en juego la Gravedad en esa teoría más "General".

Al analizar la paradoja de los gemelos, hemos visto que añadir aceleraciones puede cambiar bastante las cosas. Dentro de un vehículo su velocidad no se nota, y por eso es "relativa", pero las aceleraciones no son así. Cualquier cambio de velocidad se nota enseguida, sin tener que mirar al exterior. En un coche notamos perfectamente que acelera, porque nos pegamos más al asiento: que frena o choca, porque podemos incluso salir disparados si es muy brusco[1]. Todas esas fuerzas, que una aceleración hace aparecer sobre cualquier cuerpo, se denominan "de inercia". En realidad son debidas a que todo (por "inercia") tiende a continuar con la misma velocidad, y el vehículo debe empujarnos en distintas direcciones para hacernos acelerar, frenar o cambiar de dirección junto a él.

Otra causa que hace aparecer fuerzas es la gravedad. Conocemos bien su comportamiento desde los tiempos de Newton, pero en época de Einstein seguía siendo un misterio su naturaleza; y también cómo es que la tierra puede atraer a la luna "sin tocarla". Además, una vez descubierta la Teoría de la Relatividad, Einstein tenía el problema de cómo describir la Gravedad dentro de ella, es decir ¿cómo se comportarán las fuerzas de gravedad cuando intervengan velocidades altas?

Aunque aceleración y gravedad parecen cosas completamente diferentes, desde tiempos de Newton se sabía también que tienen efectos muy parecidos. Por ejemplo ¿podríamos distinguir las dos situaciones completamente distintas ilustradas en la figura? En una estamos en una habitación tranquilamente en nuestra casa, y notamos nuestro peso y el de todo lo que nos rodea debido a la gravedad de la tierra. En la otra unos alienígenas nos han raptado y nos trasladan acelerando hacia su planeta. En ambos casos notamos exactamente las mismas fuerzas ¡pero en el segundo no son de gravedad sino de inercia! El tema era muy intrigante porque, aún con orígenes tan distintos, nunca un experimento había podido detectar diferencia alguna entre fuerzas de gravedad y de inercia.

---

1 De hecho no sólo notamos cualquier aumento o disminución, también cualquier cambio de dirección, como ocurre al tomar una curva o con cualquier bache.

Dos situaciones completamente diferentes que no habría forma de distinguir sin asomarse fuera. En una las fuerzas que nos pegan al suelo son las habituales debidas a la gravedad. En la otra estamos lejos de cualquier planeta y no hay gravedad, pero también notamos fuerzas (ahora de inercia) que nos pegan al suelo mientras dure la aceleración.

Pues bien, Einstein resolvió el enigma con lo que él denominaba "la idea más feliz de mi vida"... ¡Quizá las fuerzas de gravedad y de inercia no se pueden distinguir porque son la misma cosa!

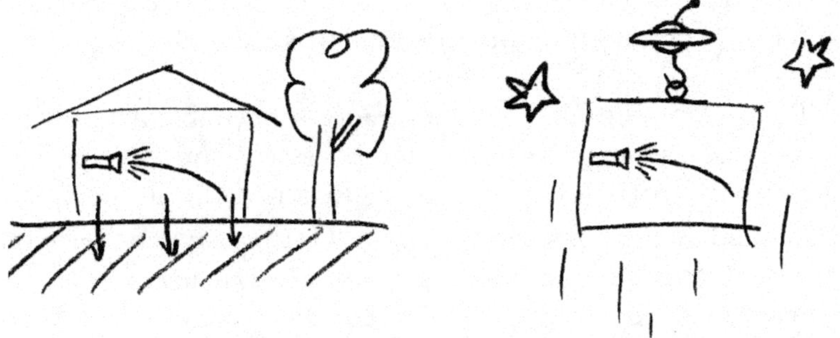

En un sistema acelerado (derecha) veríamos un rayo de luz curvarse, en realidad porque nos desplazaríamos respecto a él cada vez más rápido mientras se propaga. El principio de equivalencia afirma que deberíamos observar lo mismo en presencia de fuerzas de gravedad (izquierda). De ese modo ¡las fuerzas de gravedad deben curvar la luz! Esa predicción, y su posterior comprobación experimental, fue uno de los primeros éxitos de la Relatividad General de Einstein. En la actualidad los astrofísicos han observado varias galaxias cuya fuerza de gravedad desvía la luz como haría una lente, mostrando imágenes distorsionadas de lo que hay tras ellas. Son las llamadas "lentes gravitacionales".

Esa afirmación de que gravedad y aceleración son en el fondo lo mismo, suele recibir el nombre rimbombante de "principio de equivalencia", y aceptarla tiene una enorme trascendencia. Una primera consecuencia es que la gravedad debe también desviar la luz, igual que la veríamos desviarse cuando estuviésemos acelerando. La segunda figura ilustra el motivo, que es simplemente el apartarnos de su trayectoria.

Otra consecuencia del principio de equivalencia es que los mismos cálculos que podríamos hacer para un movimiento acelerado, tendrán que ser válidos también para la gravedad... ¡y por tanto deben servir para describir lo que hace la gravedad a altas velocidades! En concreto, su efecto debe ser el que hemos indicado antes, es decir, deformar el tiempo y las distancias. De paso Einstein mostró que eso sigue siendo cierto al revés, es decir, que un espacio y tiempo deformados hace aparecer fuerzas sobre cualquier objeto acelerándolo. De este modo daba también una respuesta a cómo es que la tierra puede atraer a la luna sin tocarla: la tierra deforma el espacio y el tiempo que la rodea, y ese espacio y tiempo deformados son los que tiran de la luna y de nosotros hacia ella.

Todos estos resultados, aderezados (inevitablemente) con unas matemáticas bastante complicadas, son lo que se denomina teoría General de la Relatividad. Su ecuación central suele escribirse como $R_{\mu\nu}=8\pi G/c^4 T_{\mu\nu}$. Es una relación entre objetos complicados que se denominan tensores, y entender en detalle sus ingredientes requiere a nuestros estudiantes varios años de entrenamiento en matemáticas y física. Esa complejidad hizo que, después de ser propuesta por Einstein, se tardasen bastantes años en descubrir algunas de sus consecuencias, como las ondas gravitacionales o los agujeros negros. Su utilidad básica es describir cómo es la deformación del espacio-tiempo (representada por el tensor $R_{\mu\nu}$) debida a la presencia de energía y materia (descrita por el $T_{\mu\nu}$). Es decir, en qué forma la materia deforma a su alrededor el espacio-tiempo haciendo aparecer fuerzas.

Una propiedad de esa ecuación que gustaba mucho a Einstein es que tiene el mismo aspecto sin importar las aceleraciones del sistema en que nos encontremos. En sus ecuaciones no hace falta "añadir fuerzas de inercia", porque ellas ya van incluidas en el tensor $R_{\mu\nu}$ como parte de la curvatura del espacio - tiempo . Esto no ocurría con las ecuaciones de Newton, que dejan de ser válidas en sistemas acelerados. Las fuerzas de inercia nos resultan familiares a todos: dentro de un vehículo que se mueve de forma irregular (es decir, con aceleraciones) los objetos parecerían moverse solos para quien no supiese que es el vehículo el que se agita. Eso no lo justifican por sí solas las leyes de Newton, lo justificamos diciendo que se ven zarandeados por fuerzas de inercia, debidas al movimiento irregular del vehículo. Ese es el motivo por el que las aceleraciones no son relativas para las leyes de Newton, y es fácil detectarlas dentro de un vehículo. Eso no gustaba nada a Einstein, que se preguntaba... ¿por qué no son también relativas las aceleraciones? ¿"respecto a qué" acelera uno cuando acelera? ¿respecto a la nada? En su teoría, la materia y energía deforman el espacio-tiempo, en ese espacio-tiempo deformado podemos elegir cualquier sistema de coordenadas con que describir cualquier movimiento, y en esas coordenadas (sean las que sean) su ecuación sigue siendo válida sin importar si hay o no aceleración.

En las ecuaciones de Einstein no es preciso añadir esas fuerzas de inercia, porque tanto ellas como las de gravedad son de la misma naturaleza y ya están incluidas en el tensor $R\mu\nu$, que especifica la curvatura del espacio-tiempo.

En relatividad, técnicamente se denominan "covariantes" las ecuaciones que se comportan así; es decir, que tienen la misma forma sin importar el sistema de referencia que estemos empleando ni las coordenadas con que trabajemos. En principio toda ley física debería poder plantearse en forma covariante, aunque ello no siempre es fácil de hacer; de hecho, aún no se ha logrado completamente para la mecánica cuántica.

Entre las consecuencias más famosas de la ecuación de Einstein, están el que la materia y energía puedan deformar el espacio-tiempo hasta límites increíbles, formando agujeros negros; o que esa deformación del espacio-tiempo pueda propagarse en forma de ondas (las llamadas ondas gravitacionales). Y, claro está, también resulta imprescindible su ecuación si queremos describir el comportamiento de masas, energías y fuerzas gravitatorias enormes, como ocurre en la cosmología; es decir, al describir la evolución del universo en su conjunto.

Relatividad en la Física y en la Filosofía. La aceptación inicial de la teoría.

Como puede verse, el "principio de relatividad" supone "relativizar" algunas cosas. El movimiento, el tiempo transcurrido entre dos sucesos o el tamaño de los objetos, dejan de ser "absolutos" y su valor depende de su movimiento respecto al observador.

No obstante, debe notarse que esta teoría física de la relatividad es muy diferente de mucha de la "filosofía relativista" surgida en torno a ella. La afirmación de que *en esta vida todo es relativo y depende del punto de vista de cada cual*, puede tener más o menos validez según el contexto, pero en absoluto es consecuencia de la teoría de Einstein. La relatividad física y su tratamiento matemático es un modelo detallado, que da cuenta de los fenómenos físicos con enorme precisión, que describe con detalle el valor que toma cada cosa para cada observador sin dejar absolutamente nada a la subjetividad. En el ejemplo que pusimos de un viaje al 80% de la velocidad de la luz, la relatividad Einsteniana predice con exactitud un factor 0.6 en los tiempos. Ese es un efecto objetivo que pueden comprobar todos los pasajeros con cualquier tipo de reloj, sin importar si van distraídos o incómodos en sus asientos.

Por el contrario, la relatividad psicológica del tiempo es puramente subjetiva y no tiene ninguna relación con la teoría física. Esa "relatividad subjetiva" es la que la que hace que una hora parezca corta viendo nuestro programa favorito y larga esperando en un hospital.

No existe ninguna relación entre la relatividad de Einstein y la apreciación subjetiva del transcurso del tiempo. En todo caso, la relatividad de Einstein nos ayuda a despegarnos un poco de nuestra noción del tiempo como algo rígido e invariable: el tiempo no es algo absoluto, y no es el mismo para todos cuando entran en juego velocidades cercanas a las de la luz.

Cuando, a principios del siglo 20, Einstein enunció su principio de relatividad y mostró las sorprendentes consecuencias que hemos indicado antes, las reacciones de la comunidad científica fueron muy variadas. Aunque algunos lo aceptasen de inmediato, fueron muchos los que preferían aferrarse a la idea del tiempo absoluto, aún reconociendo que ello supondría muy extraños efectos al viajar a grandes velocidades. Tampoco faltaron quienes preferían mantener antiguos conceptos como el del "éter". Llevó bastante tiempo aceptar y asimilar todas las consecuencias de la nueva teoría. De hecho a Einstein no se le dio el premio Nobel por este descubrimiento, sino por otros también muy importantes sin relación alguna con su Teoría de la Relatividad.

El concepto de "éter" merece algún comentario por no ser muy conocido (afortunadamente). No es raro oír decir a un locutor de radio que sus ondas se propagan en el éter, pero lo hace de forma figurada, igual que cuando hablamos de los dioses griegos del monte Olimpo. El éter es algo que no existe, pero en lo que durante algún tiempo se creyó (como se creyó también que el mundo era plano).

La idea del "éter" se propuso cuando los científicos comenzaron a encontrarse fenómenos que antes de la teoría relativista resultaban inexplicables, y esa idea murió con el nacimiento de la relatividad de Einstein.

El supuesto "éter" sería una especie de gas muy sutil, en el que se propagaría la luz, las ondas de radio y en general todos los campos eléctricos y magnéticos. El tal éter debería llenar todo el universo, y tener propiedades extrañas y contradictorias; como ser más rígido que el mejor acero, a la vez que totalmente imperceptible, y más ligero que el aire. Además, ese éter no debería presentar ninguna resistencia al moverse a través de él, pero debía ser arrastrado por los objetos en movimiento, para explicar que un viajero muy veloz no notase nada raro dentro de su vehículo. Era análogo al aire que un vehículo arrastra en su interior permitiendo que los viajeros no noten viento, o se pueda hablar sin dificultad incluso dentro de un avión supersónico.

Las tres posturas (la relatividad, la idea del éter y el aferrarse a la noción del tiempo absoluto) son incompatibles entre sí. En principio las tres son lógicas, y uno podría simpatizar más o menos con una u otra. Seguramente, los filósofos medievales hubiesen pasado siglos discutiendo sin resultado cual era la suposición más razonable (porque las tres son "razonables"). Pero lo que interesa a los físicos es saber cuál es la **correcta**.

Afortunadamente los científicos de la primera mitad del siglo 20 en vez de ocuparse de semejantes discusiones procedieron de otra forma: se dedicaron a hacer cuidadosas medidas para observar **cómo se comportaban las cosas en la realidad**.

¿Qué observaron? ... pues que nos guste o no nos guste la naturaleza se comporta como decía Einstein.

¿SON MEDICAMENTOS LOS PRODUCTOS HOMEOPÁTICOS?

Estoy convencido de que, tanto afirmando como negando la pregunta que da título a este texto, me encontraría a muchos lectores incómodos con la respuesta. En realidad, sobre este tema la población podría dividirse en tres grupos: Unos pocos que saben bien lo que es la homeopatía y defienden su uso, otros pocos que también saben bien en que consiste y la rechazan, y una inmensa mayoría que realmente no conoce su fundamento y escucha dudosa las defensas y ataques de los anteriores. Pensando en esa gran mayoría perpleja, creo que lo mejor que se puede hacer en estos casos es informar. Con esa intención intentaré simplemente exponer datos al lector y dejarle decidir por sí mismo. Para ello comenzaré por explicar qué se considera actualmente un medicamento, y terminaré describiendo en qué consiste la homeopatía.

Comencemos con lo primero…

Junto a la ermita de San Isidro, en Madrid, se encuentra una fuente cuyas aguas tienen desde muy antiguo fama de milagrosas. Los días en que se celebra la festividad del santo, son interminables las colas para tomar un poco de esas aguas. Como muestra la ilustración, una extensa inscripción en la fuente da cuenta de algunos de los hechos que se le atribuyen.

"... bebiendo el agua curaron de cuartanas y tercianas[1] *101 personas, de postemas*[2] *tres personas, y de mal de orina, riñones, ijada*[3]*, erisipela, cámaras*[4] *y vómitos 26 personas..."*

Y termina sugiriendo que

"... en honor se San Isidro y para registrar las curaciones atribuidas a él y a esta fuente milagrosa, una vez que sean comprobadas científicamente sírvanse los devotos informar con testigos a la Archicofradía en sus oficinas..."

---

[1] Se denominaban Cuartanas y tercianas a una infección por plasmodium que hoy llamamos paludismo y malaria, transmitida por la picadura de mosquitos. La enfermedad cursa con fiebres que remiten y vuelven en periodos de tres o cuatro días, de ahí su nombre. Sin tratamiento, el paciente puede recuperarse o morir, dependiendo de su resistencia y de la variedad del parásito.

[2] Se denominaban "Postemas" a abscesos con pus que podían tener muy diversos orígenes: tumores, llagas, poros infectados...

[3] Ijadas eran dolores de vientre que podían tener muy distintos orígenes y motivos (problemas de riñón, de ovarios, intestinales, apendicitis, infección de orina, etc.)

[4] Se denominaban "Cámaras" a diarreas que podrían tener muy distintas causas.

Sin entrar a valorar las posibles propiedades de esta aguas, desde luego salta a la vista que el autor de la inscripción tiene un peculiar concepto de "comprobación científica". Posiblemente refleja la época en que parece escrita la inscripción, finales del siglo[1] 16.

Puede que el ciudadano medio no tenga muy claro qué se considera en la actualidad una "comprobación científica" de la eficacia de algún remedio. Pero desde luego, con la mentalidad moderna, pocos tomarían tranquilos un medicamento, si el prospecto sólo asegura "haber curado a 101 personas", ¡sin aclarar a cuántas "no ha curado"!

El principal problema suele ser cómo determinar la eficacia parcial de un medicamento. Cuando un remedio produce una mejoría espectacular en multitud de enfermos, suele haber poco que objetar; pero, ¿cómo valorarlo si sólo parece eficaz en algunos casos? Hoy en día la forma de evaluar esto se controla cuidadosamente como explicaremos, y cualquier nuevo fármaco puesto en circulación tiene que haber demostrado de forma fehaciente su eficacia.

Para tratar estas cuestiones es inevitable hablar primero un poco de los efectos placebo y nocebo, y un poco más adelante también de la noción de sesgo cognitivo.

El efecto placebo

La palabra "placebo" proviene del verbo latino *placere*, que significa 'complacer'. Aunque históricamente tuvo muchas acepciones, a partir del siglo 18 comienza a definirse en los diccionarios médicos como "algo que simula ser un medicamento".

Y ¿qué utilidad tiene usar como medicamento algo que no cura? De nada sirve cambiar el ambientador del coche si el problema es una avería de bujías... Pero las personas somos criaturas mucho más complejas. Nuestro cerebro incluye

---

[1] Ver el penúltimo capítulo sobre la numeración latina para los siglos.

multitud de mecanismos psíquicos y neuronales que influyen en nuestra percepción de la enfermedad, e incluso pueden influir decisivamente en la reacción del organismo ante ella. Aunque esos mecanismos sólo comienzan a entenderse recientemente, gracias a pruebas neurológicas de resonancia magnética o tomografía por positrones, el efecto es bien conocido desde muy antiguo.

Tampoco hace falta ser un experto, para reconocer que el simple hecho de que nos escuchen y nos atiendan ya nos hace sentir mejor. Cualquiera sabe también que el consuelo de una madre es alivio milagroso para el niño que acaba de caerse. Por esos mismos mecanismos, tomar algo que creemos ser un "eficaz medicamento" también produce alivio. Es el denominado "efecto placebo".

Las consecuencias del efecto placebo pueden ser muy variadas. Pueden consistir simplemente en la sensación de mejoría por la esperanza de curarnos, o la reducción de ansiedad y preocupación. Pueden incluir la reducción de dolores, por la liberación de drogas naturales en nuestro cerebro. O incluso pueden consistir en una mejoría real de la enfermedad, por una estimulación del sistema defensivo del organismo. Naturalmente los efectos pueden variar mucho de una a otra persona, dependiendo lo sugestionable que sea, y de las circunstancias en que se encuentre.

¿Quién no ha sentido mejoría para un dolor de cabeza, pocos minutos después de tomar un calmante? Dado que ese calmante tarda su tiempo en disolverse en el estómago, en pasar luego al intestino, en llegar a la zona en que éste lo absorbe, y finalmente en ser repartido por el organismo mediante el riego sanguíneo… ¡cualquier alivio "inmediato" es claramente puro efecto placebo!

Antiguamente la medicina se servía de placebos para aliviar enfermedades para las que realmente no conocía remedios ¡que no hace mucho eran la mayoría! Para ello se utilizaron cremas, pastillas o jarabes que simplemente contenían azúcar, o sustancias con distinta presentación y sabores; pero sin ningún efecto curativo. También fuera de la medicina "oficial" era muy frecuente la circulación de todo tipo de "ungüentos curalotodo", ¡que aún hoy en día existen!

Parece ser que, de forma no intencionada, gran parte de la historia de la medicina fue también la historia del efecto placebo. De hecho, modernos estudios de muchos remedios "ancestrales" revelan que la inmensa mayoría no tenían ninguna eficacia, aparte de actuar como placebos. En algunos casos la eficacia era si acaso sintomática: un producto que bajase la fiebre o un opiáceo que calmase el dolor, se consideraba "muy eficaz" por producir alivio, aunque que no tuviese ningún efecto sobre el origen de la enfermedad. Incluso cuando algunas sustancias podían tener algún efecto curativo, era tan difícil diagnosticar la causa de las enfermedades que su administración difícilmente podía ser acertada.

En la actualidad, cuando se pretenden evaluar con objetividad los efectos de cualquier medicamento, es imprescindible tener en cuenta el efecto placebo, para evitar que éste los pueda enmascarar. Al estudiar un nuevo producto, ¿cómo saber que parte de la mejoría observada es "real", y qué parte sólo debida a efecto placebo? Para ello los estudios de laboratorio se deben basar en comparar sus efectos con los de un placebo. El procedimiento más simple podría consistir en partir de dos grupos de pacientes similares, y administrar placebo a la mitad de ellos y el medicamento investigado a la otra mitad. Si nos aseguramos de que ningún paciente sepa lo que está tomando, cualquier diferencia de resultados tendrá que ser "real". Si en esas condiciones no encontramos ninguna diferencia entre ambos grupos, sabremos que el medicamento es totalmente inútil. Si, por el contrario, en el grupo de pacientes tratados con el nuevo producto hubiese un 10% más de mejorías (o empeoramientos), ese 10% sería la eficacia objetiva del nuevo medicamento.

Pronto se descubrió que, incluso ese procedimiento, no es suficiente por un sutil efecto psicológico. Cuando un sanitario administra al paciente una sustancia que puede ser eficaz, no se siente igual que cuando sabe que le está "engañando" con placebo. De forma inconsciente el comportamiento del sanitario es diferente en ambos casos, lo cual influye en la confianza que genera en el paciente ¡y por ello en la intensidad del efecto placebo!

Por ese motivo, actualmente los ensayos se realizan con el procedimiento denominado de "doble ciego frente a placebo". Ni el paciente ni el personal que lo trata debe saber qué está tomando (doble ciego). Para ello se preparan en el laboratorio envases parecidos con dosis de medicamento y de placebo. Alguien lleva un control de las muestras numeradas, y sólo en el laboratorio se sabe qué se ha suministrado en cada caso, y se cotejan luego los resultados obtenidos.

Visto lo anterior parecería claro cómo proceder para constatar "científicamente" las virtudes de una fuente de aguas milagrosas. No se trataría de reunir múltiples testimonios de sanaciones, por muchas que sean y por muy honrados que sean los testigos, eso realmente no indica nada. El procedimiento, algo más complejo, tendría que ser algo así: Para empezar tendríamos que preparar suficientes envases etiquetados como "agua milagrosa" (la mitad de ellos conteniendo realmente "agua del grifo") y todos ellos numerados para llevar el control del verdadero contenido de cada uno. Deberíamos contar también con una muestra suficientemente amplia de voluntarios, con distintos tipos de enfermedades, a los que proporcionar el agua. Haciendo un seguimiento estadístico de su evolución, podríamos comprobar finalmente si ocurren más "sanaciones" en los pacientes que tomaron uno u otro tipo de agua. Eso sí, convendrá también llevar un control de cada paciente ¡para saber si, además del agua, alguno acudió a su médico o siguió algún otro tratamiento! Sospecho que nunca se haya echo algo así en la fuente antes aludida, pues en tal caso hace tiempo se habría cambiado su inscripción por un "prospecto". En fin, espero que nadie considere ofensiva semejante propuesta, es lo primero que se nos ocurre a cualquier científico, y es lo que se exige al más humilde de los productos para poder estar en la estantería de una farmacia afirmando tener alguna utilidad.

El efecto nocebo

Así como la mera creencia de que algo nos beneficiará nos puede hacer sentir mejor, también nos puede hacer sentir peor la creencia de que algo nos perjudicará. Este es el efecto nocebo.

Casos bien conocidos y muy extremos pueden ser las creencias supersticiosas en maleficios. Así, una sesión de vudú normalmente no tiene efecto alguno sobre quien no cree en ello, pero puede aterrorizar e incluso enfermar (o hasta hacer morir) a quien lo crea profundamente.

Sin llegar a tales extremos, el efecto nocebo también es un problema en la medicina actual, cuando hay que informar a un paciente sobre los posibles efectos nocivos de un medicamento o un tratamiento. Si a un paciente se le avisa que un tratamiento será muy doloroso, posiblemente se le está predisponiendo para que lo perciba como más doloroso de lo que realmente es.

Un ejemplo bien conocido fue un experimento realizado en 2003 con 100 hombres a los que se trataba una enfermedad coronaria con un medicamento betabloqueante. Un tercio de ellos no sabían lo que estaban tomando, otro tercio de ellos sí estaban informados, y al tercer grupo se les advirtió además que ese medicamento posiblemente les provocase problemas de erección. Al final del tratamiento sólo uno de los pacientes del primer grupo tuvo disfunción eréctil. En el segundo grupo cinco de los pacientes tuvieron esos problemas. En el tercer grupo, al que se había advertido especialmente del posible problema, un tercio lo sufrió.

Semejantes situaciones naturalmente plantean un dilema: ¿hasta qué punto es buena idea informar al paciente sobre los efectos secundarios de un medicamento, sabiendo que eso puede perjudicarle?

Los factores que pueden provocar efecto placebo y nocebo pueden ser muy variados y, teniendo un origen básicamente psicológico, la respuesta puede cambiar mucho de unas personas a otras. Como ejemplo, un factor importante puede ser la "estima" o valoración que se haga del medicamento. Varios estudios sobre placebo han mostrado que cuanto más caro es un medicamento mayor efecto placebo puede producir. Asimismo, cuando se advierte al paciente que un medicamento es "agresivo" con efectos secundarios desagradables, también estos son más frecuentes cuanto más caro sea el medicamento (a igualdad de composición).

Sin entrar a discutir cómo se han obtenido los actuales medicamentos (a veces por prueba y error, a veces por complejos estudios de bioquímica molecular), lo antes descrito son las pruebas que se les exige superar a cualquiera de ellos para tener derecho a denominarse como tal. Tanto sus efectos positivos como negativos han tenido que comprobarse en ensayos clínicos objetivos, antes de tener derecho a estar en la estantería de una farmacia dentro de una caja con un prospecto que indica para qué sirve. Hablemos ahora un poco de los productos homeopáticos.

Los fundamentos de la homeopatía

La homeopatía fue propuesta a finales del siglo 18 por el médico sajón Samuel Hahnemann (1755-1843). Se basa en el uso de preparados de diversas sustancias enormemente diluidas en otras inocuas como agua, aceites, alcohol, etc.

Para hacerse una idea del estado de la medicina por aquellos tiempos cabe mencionar que un siglo después los famosos médicos franceses Bérard y Gubler aún resumían el papel de la medicina así: «Curar pocas veces, aliviar a menudo, consolar siempre».

Nos estamos refiriendo por tanto, a una época anterior al estudio científico de los medicamentos, de las enfermedades y de sus causas. Por muy sorprendente que hoy nos parezca, hace 150 años aún no se imaginaba que los microbios fuesen los causantes de muchas enfermedades. Hasta 1860 se pensaba que la higiene y asepsia en un quirófano era sólo una cuestión estética, sin más importancia que el elegante vestir del cirujano. Eran tiempos en que la medicina, en muchos casos, no podía hacer más que aliviar al paciente en lo posible mientras su organismo lograba (o no) vencer la enfermedad por sí mismo. En una época en que las principales técnicas se basaban en sangrías, purgas o tratamientos de electroshock, es comprensible que un tratamiento no agresivo como la homeopatía fuese muy bien recibido. Cando los avances científicos demostraron la inutilidad de las antiguas técnicas, las más agresivas dejaron de aplicarse de inmediato; pero la homeopatía, con su imagen de "natural y poco agresiva", mantuvo sus adeptos.

Para entender el origen de la homeopatía, hay que entender primero la mentalidad de nuestros antepasados. A falta de un conocimiento sobre el origen de las enfermedades y sus mecanismos, muchos tratamientos se basaban en las ideas filosóficas o religiosas de la época, o en las observaciones (a veces acertadas y otras no) de cada médico.

Parece ser que Hahnemann se propuso probar una antigua suposición atribuida a Paracelso[1], según la cual "*lo que enferma al hombre también lo cura*". Para ello tomó una cantidad alta de quinina que era conocida para el tratamiento de la malaria. Aquella dosis le produjo fiebre, escalofríos y dolores, síntomas parecidos a la malaria. A partir de aquella experiencia Hahnemann se convenció de que la afirmación de Paracelso debía ser cierta, y que todos los medicamentos deberían producir en individuos sanos síntomas similares a las enfermedades que tratan.

Hoy en día, para buscar remedio a una enfermedad, indagaríamos su origen o probaríamos la efectividad de varias sustancias candidatas. Pero en tiempos de Hahnemann no se razonaba en términos de causas-efectos, sino más bien se

---

1 En realidad ideas similares ya se habían planteado en la Grecia antigua por Geleno o Hipócrates.

pensaba en analogías. Así, él no vio inconveniente en darle la vuelta a su nuevo "descubrimiento"; y en proponer que para curar cualquier enfermedad bastaría con buscar un producto que provocase síntomas parecidos, y aplicarlo en dosis pequeñas. A eso lo llamó "el principio de que lo similar cura lo similar".

No estoy seguro de cuán convincentes le resulten estos argumentos al lector, pero en una época en que otras técnicas tenían fundamentos aún más descabellados, estos no parecían tan extraños.

La última "inspiración" de Hahnemann consistió en suponer que si la cura necesitaba dosis pequeñas, cuanto más pequeña fuese la dosis más eficaz sería la curación. A día de hoy esos siguen siendo las bases de la homeopatía. Nada de ensayos frente a placebo, nada de estudios estadísticos con voluntarios... ¡para qué, si su fundador estaba tan seguro de tener razón!

¿Puso Hahnemann a prueba sus productos? Digamos que hizo el tipo de pruebas que entonces parecían suficientes. Hahnemann comenzó a preparar dosis muy pequeñas de distintas sustancias, a base de hacer con ellas mezclas muy diluidas en agua u otros disolventes. Cuando comenzó a proporcionar a sus pacientes esas mezclas con el entusiasmo y convencimiento de darles un remedio eficaz e innovador, no es de extrañar que encontrase casos de alivio por efecto placebo (y por evitarles tratamientos con purgas o sanguijuelas). Aquello debió ser muy estimulante para Hahnemann, y comenzó a esforzarse en probar más compuestos diferentes, y en preparar dosis cada vez más pequeñas a base de diluir repetidamente sus mezclas. No es de extrañar que, ante su creciente entusiasmo, obtuviese mayores efectos placebo, mejores en muchos casos que otras técnicas de la época. La homeopatía quedó así establecida como una técnica "bien comprobada" para los estándares de hace dos siglos.

Hahnemann dio ese nombre a sus nuevos tratamientos por la combinación de las palabras griegas "homoios" (similar) y "pathos" (sufrimiento).

El problema de la homeopatía es que no ha cambiado sus fundamentos en 200 años, y que desde entonces nadie ha sido capaz de probar que un preparado homeopático produzca mejores resultados que un placebo. Con no cambiar sus fundamentos me refiero a que los actuales defensores de esta técnica siguen defendiendo sus dos afirmaciones básicas: "*lo similar cura lo similar*" y "*cuanto más diluido el producto más poderoso*", sin más fundamento que la autoridad del fundador. En cuanto a no haberse podido probar su eficacia en ensayos, como se exige a cualquier otro medicamento, sus defensores aseguran que los ensayos científicos no valen para la homeopatía porque ésta se basa en principios "de otro tipo" que no necesitan semejantes pruebas.

Cómo se elaboran los productos homeopáticos

Las técnicas para elaborar esos productos no son ningún secreto. Animamos al lector a visitar la página web de cualquier fabricante, donde suelen exponer, con toda claridad, que siguen los mismos procedimientos del fundador (si acaso con medios técnicos más automatizados). Se trata de mantener el principio de que "cuanto menor es la dosis más efectivo es el tratamiento". Por ello se procede a tomar la sustancia que consideran activa y a diluirla repetidamente, para que el producto resultante tenga la menor cantidad posible de ella. Como disolvente se emplean sustancias sin ningún efecto, como agua, aceites o algunos alcoholes. Al final del proceso, las dosis en que más se ha diluido la sustancia original (en que menos cantidad quede de ella) las consideran las "más potentes". Suelen añadir que la clave del éxito está también en agitar insistentemente cada mezcla preparada.

Un procedimiento típico para realizar esas diluciones podría describirse como sigue. Partimos de un gramo de sustancia "activa" (por ejemplo de quinina para tratar la malaria) y la diluimos en 100 gramos de agua pura. Obviamente el resultado es una mezcla con una parte de quinina por cada 100 de agua[1]. Se dice que es un preparado de potencia C1 (significa diluido en un factor 100 una vez).

A continuación tomamos un gramo de esa mezcla y lo diluimos en otros 100 gramos de agua pura. El resultado claramente es una mezcla 100 veces menos concentrada. En ella habrá una parte de quinina por cada 100x100=10.000 de agua. Se dice que es un preparado de potencia C2 (diluido un factor 100 dos veces). El proceso se repite tomando un gramo de esa mezcla para diluirlo otra vez en 100 de agua pura, obteniendo un preparado de potencia C3 (1 parte de quinina por cada millón de agua, ya que 100^3= 100x100x100= 1.000.000). Según los homeópatas, para obtener un producto eficaz debe repetirse ese procedimiento al menos 15 veces, llegando a una dilución C15 (15 veces diluido un factor 100). Ello significa tener 1 parte de la quinina original por cada 100^{15}=1000000000000000000000000000000 (30ceros). Pero consideran aún más potentes concentraciones C30, C40 o C60… sin duda demasiados ceros para escribirlos.

Son frecuentes también escalas D o X que indican simplemente el número de ceros. Así C15 equivale a D30 o X30. Se utilizan a veces también otras muchas escalas como CH, K, LM…

Los homeópatas no han tenido ningún inconveniente en seguir defendiendo desde hace 200 años que cuanta menos sustancia quede en el producto resultante, más potente debe ser su efecto. Pero hace 100 años la ciencia descubrió algo que no se sabía en tiempos de Hahnemann, y es que toda la materia está formada por moléculas. Son tan pequeñas que un solo gramo quinina tiene unas 180000000000000000000 (20 ceros) moléculas[2]. Aunque sean muchas, si uno diluye ese

---

1 En realidad se trataría de combinar 1 gramo de sustancia activa con 99 gramos de agua, obteniendo 100 de disolución con esa concentración del 1%. La diferencia es pequeña y he preferido mantener el número 100 más fácil de visualizar.

2 Como comentamos en el capítulo "Un poco de nada", cualquier mol de sustancia son un 600…(23ceros)…00 moléculas (el Número de

gramo hasta un factor C10, entonces sólo quedan unas 1800…(20 ceros)…00/100…(20 ceros)…00=18.

Es decir !sólo habrá unas 18 moléculas en el frasco! Si volvemos a diluirlas a la centésima parte generando una disolución C11, sólo quedarían 18/100=0'18, es decir ¡menos de una molécula en promedio! Sería más correcto decir ya que en cada frasco hay una probabilidad casi del 18% de que le haya tocado alguna molécula. Claramente, si seguimos aumentando la "potencia", al llegar a C15 podemos garantizar que ya no habrá ni rastro de una sola molécula ¡ni en millones de frascos iguales! Y menos aún, claro está, con potencias" C20, C30…

Desde entonces los mismos homeópatas admiten que esto es correcto, y que sus preparados más "potentes" no contienen ni rastro de las sustancias curativas originales. Por ello, ahora lo que mantienen es que "de alguna forma" el agua puede guardar memoria de haber estado en contacto con las moléculas originales, y que eso es lo que genera el efecto curativo. Esto de que las moléculas de agua tengan memoria no sé si es muy creíble... desde luego ningún químico lo avala. Pero es que, incluso aunque fuese cierto, tras tantas diluciones ¡ni siquiera quedan ya moléculas de agua de las que al principio tuvieron contacto con la sustancia original!

Por otra parte, como pude leer hace poco en un ameno artículo, la imaginación de los homeópatas a la hora de elegir compuestos con que generar sus productos es casi ilimitada "Diluciones de Muro de Berlín para luchar contra las sensaciones de opresión, separación y aislamiento; de radiación de teléfono móvil para paliar el (inexistente) daño de las ondas que emiten estos aparatos; de TNT (explosivo) contra la tos convulsiva; …"[1].

Avogadro), y en el caso de la quinina un mol son unos 324 gramos... es fácil estimar así esa cantidad de moléculas para un gramo.

1 El Pais, BUENAVIDA, 27/04/2018 "Qué es exactamente la homeopatía (y por qué no funciona)" https://elpais.com/elpais/2018/04/25/buenavida/1524647842_020614.html

¿Algunas conclusiones?

Creo que con lo expuesto hay material suficiente para que cada cual saque sus conclusiones, pero no puedo resistirme a sugerir algunas.

Una primera es que, todos los fundamentos de la homeopatía chocan con nuestra visión moderna de cómo funcionan las cosas. En primer lugar es claro que todos sus argumentos están "cogidos con pinzas". En segundo lugar, tampoco hay un "mecanismo" que explique cómo o por qué va a funcionar una dosis de agua pura que una vez tuvo algo de otro producto pero ya no lo tiene. Además, nunca se ha comprobado su eficacia con los mismos métodos que se exigen para cualquier otro medicamento (de hecho a los productos homeopáticos la legislación no les exige demostrar ninguna utilidad, sólo demostrar no ser dañinos). Para terminar, el principal apoyo de sus defensores es "que lo dijo Hahnemann" (como si para la penicilina el único apoyo fuese "que lo dijo Fleming"). A lo sumo, si uno insiste en preguntar qué resultados avalan su eficacia, sus defensores dan respuestas similares a la inscripción en la fuente de San Isidro: muchas personas aseguran que les ha ido bien. Y por supuesto, en algo no tienen rival: no tienen efectos secundarios, no tienen contraindicaciones, no provocan intolerancia, no producen alergias, no hay peligro de sobredosis, ...

¿Y por qué hay a quien le preocupa tanto su uso si es tan inofensiva? Por muy inofensivo que pueda ser tomar agua con colorante o azúcar, pagándola a precio de medicamento, el peligro es que algunas personas lo consideren "alternativo" a los medicamentos comprobados. Por desgracia esto ocurre, y son muchos los casos de pacientes que empeoran por confiar en estos productos dejando de tomar medicamentos eficaces. Al menos, los fabricantes de homeopatía cada vez se cuidan más de proponerlos como "alternativos" a las medicinas bien establecidas, y sólo los proponen como "complementos que añadir" a los tratamientos convencionales.

Tal vez el lector tuviese una noción de la homeopatía como algo inocuo y natural que a algunas personas les ha sentado bien, y no se hubiese preocupado nunca en conocer su origen o fundamentos. En tal caso, leer esto tal vez le sorprenda, y piense que he reunido aquí unas cuantas falsedades para desacreditarla. Por suerte la mayoría de los fabricantes de estos productos exponen sin complejos estas afirmaciones en sus prospectos o páginas web, por lo que animo al lector curioso o desconfiado a informarse directamente en ellas. Quizá entonces sólo le quede la sorpresa de cómo es que eso no lo sabe todo el mundo, y por qué tantas personas confían en ella… para eso tendremos que hablar un poco de psicología más delante.

Si a la vista de esto alguien piensa ¿cómo es que no está prohibida si se trata de un fraude?... habría que aclararle un par de cosas. Primera, que no se puede considerar un fraude porque no hay engaño, ya que sus defensores no ocultan sus principios ni su elaboración. Segunda, que hay quien "cree" en ello, y no es buena idea ir por ahí prohibiendo "creencias".

No sé si al lector le parecerá excesiva esta afirmación "*Cualquier terapia que asegure ser capaz de tratar situaciones concretas debería tener evidencia de poderlo hacer más allá del efecto placebo*". A mí, me sorprende que algo tan obvio tenga que ser la recomendación de un informe solicitado por el parlamento del Reino Unido en el año 2000 a un comité de expertos. Al lector quizá le sorprenda saber que, de aplicarse en la normativa farmacéutica, impediría vender la mayoría de productos homeopáticos, porque sus fabricantes nunca han podido mostrar ese tipo de evidencias exigidas a cualquier medicamento "convencional".

No quisiera dejar en el tintero un reproche y un reconocimiento que creo bien merecidos. El reconocimiento es hacia la homeopatía, por haber aliviado a muchas personas todo tipo de dolencias, aunque sólo haya sido gracias a su efecto placebo. El reproche es hacia la medicina convencional, por no sacar todo el partido posible a las tremendas posibilidades de los efectos psicológicos en sus tratamientos. Cada vez que un médico se limita a extender una receta sin apenas mirar a los ojos del paciente, está ignorando su capacidad para aliviarlo con sólo escucharlo o ponerle una mano tranquilizadora en el hombro. La homeopatía y sus practicantes, desde luego son maestros en sacar partido al efecto psicológico de sus tratamientos, y creo que la medicina científica debería aprender de ello. A la homeopatía no le discutimos que tenga efectos positivos, se le discute que pretendan ser mejores que el placebo sin demostrarlo. También preocupa el peligro de confiar a un placebo problemas que requieren tratamientos más eficaces.

Sesgo Cognitivo

Todos sabemos lo que es fiarse de las apariencias o sacar conclusiones precipitadas, lo que no todo el mundo sabe es que a eso den los psicólogos el rimbombante nombre de "sesgo cognitivo". Nuestro cerebro utiliza muchos atajos para tomar decisiones sencillas cuando no hay suficiente información ni tiempo para contrastarla. Su ventaja es ofrecer recetas sencillas para problemas complejos, su inconveniente es ser poco fiable. Pensar que todos los perros son agresivos porque uno me mordió es falso, pero me puede librar de más mordiscos. No cuestionarse algo porque mucha gente piensa igual o porque siempre se había hecho así es cómodo, pero siempre ha sido un lastre para el desarrollo.

Manejar información dudosa mientras no la haya fiable, no es un sesgo cognitivo; el sesgo es darla por buena. El problema es que pocas veces somos conscientes de ello. Que las nueces sean buenas para el cerebro porque se parecen a él, desde luego no es un "razonamiento válido", pero para quienes lo toman por tal no hacen falta más argumentos (sin pensar que lo mismo serviría para algunos hongos muy venenosos).

La homeopatía, a falta de pruebas objetivas, acumula este tipo de sesgos como clave para su difusión. Para empezar, la única explicación de sus defensores "lo similar cura lo similar", es prácticamente del mismo tipo que el ejemplo de las nueces.

Los homeópatas no tienen ninguna explicación de por qué puede funcionar, ni suficientes pruebas de laboratorio con que convencer a los escépticos. A lo sumo muestran supuestas curaciones aisladas, y aseguran que algunas propiedades poco conocidas del agua y efectos cuánticos exóticos algún día lo justificarán. Sólo conozco otro caso similar donde se insista en creer algo sin pruebas ni justificación, y es el ámbito religioso.

Los médicos saben que casi todas las enfermedades (incluso hasta algunos cánceres) en ocasiones pueden curarse espontáneamente. Ello es casi tan difícil como acertar a la lotería... pero sabemos que muy pocos acertantes bastan como reclamo perfecto para millones de jugadores. Cada una de esas curaciones ocurrida a un creyente, pasa a ser considerado milagro. Cada uno de ellos que usaba homeopatía, pasa a ser la mejor prueba y publicidad de su eficacia para todo el que desee creerlo. Si me creo que a otro le curó, a mí me tiene que venir bien.

En los tiempos de la inscripción en la fuente con que comenzaba nuestro relato, las "curaciones milagrosas" debían ser bastante frecuentes: a falta de un buen diagnóstico, una "cámara" lo mismo podía ser un cáncer de colon que una gastroenteritis que suele curarse sola. De los muertos se decía que no tuvieron suficiente fe, a los curados se les añadía a la lista de milagros.

Cualquier médico sabe que un producto homeopático no ha tenido que "demostrar" su utilidad como se le exige a todo medicamento, y sólo ha tenido que garantizar no ser dañino. También sabe que no hay justificación ni suficientes pruebas de que funcione. Pero también sabe que recetándolo aliviará a su paciente por efecto placebo, sin riesgo de efectos secundarios ni contraindicaciones. Además, en algunas zonas, muchos pacientes lo demandan. ¿Cómo culparles por recetarlos? El problema es que los fabricantes de homeopatía conviertan a cada médico que receta sus productos en una "prueba científica" de su utilidad.

Al menos, de un médico sensato cabe esperar que no trate "sólo con homeopatía" problemas para los que haya remedios eficaces. Por ello hay quien propone que sólo los médicos puedan recetar homeopatía... Esa solución no acaba de convencerme, sería como exigir que sólo los médicos pudiesen ofrecer servicios religiosos, para evitar que la gente reemplace antibióticos por rezos. Me parece preferible que todo el mundo sepa distinguir lo que es un rezo, un producto homeopático y un medicamento comprobado; y que luego aplique todos si lo prefiere.

En definitiva, no podemos culpar a nuestro cerebro por preferir soluciones rápidas y explicaciones sencillas, aunque sean falsas. Total ¡qué más da, mientras no nos causen problemas! El problema es que a la larga, y para la sociedad en su conjunto, creerse cualquier cosa sí acaba causando problemas y muy serios. Yo personalmente prefiero creer sólo aquello sobre lo que pueden mostrarme pruebas, y defiendo difundir esa actitud.

Desde luego creerse el método homeopático significaría aceptar sugerencias muy originales. Por ejemplo, en vez de vacunar a toda una ciudad como Madrid contra la gripe, bastaría dejar caer una gota de vacuna en el mayor embase de agua que la abastece. De ese modo todos los ciudadanos estarían tomando agua homeopática que les protegería contra la gripe. Tal vez argumentarán los homeópatas que el mayor embalse madrileño no llega a los 1000 hectómetros cúbicos, y que por ello la vacuna estaría tan diluida como una concentración C9 que sería "muy poco potente"... Bien, para diluirla aún más ¿qué tal dejar caer una gota en todo el mar Mediterráneo? ¿O mejor en el Océano pacífico? ¡Desde luego la mezcla estaría bastante "agitada" como ellos insisten, teniendo en cuenta el oleaje y las mareas! Cada gota de agua que bebemos tiene detrás una larga y compleja historia, y desde luego el anterior argumento haría que toda ella fuese ya homeopática para cualquier cosa.

En fin, prefiero terminar con una sonrisa, así que queden aquí un par de frases que siempre me han gustado. Una la escribía en un editorial de 2005 la prestigiosa revista médica "The Lancet" ironizando[1] "cuanto más se diluye la evidencia a favor de la homeopatía, mayor parece ser su popularidad". Otra es la de "¿Por qué todo el mundo se mete con la homeopatía, si ella *nunca le ha hecho nada* a nadie?"

---

[1] The Lancet, Vol. 366, 27/08/2005. https://www.thelancet.com/pdfs/journals/lancet/PIIS0140-6736%2805%2967149-8.pdf

INGREDIENTES PARA UN UNIVERSO INTERESANTE

Células, moléculas, átomos y estrellas

La naturaleza y sus juegos de construcción.

Pocos juegos, como los de construcción, tienen el encanto de sus enormes posibilidades a pesar de su simplicidad. Desde luego, construir con cualquiera de ellos algo interesante puede necesitar muchas piezas, pero la variedad de ellas ya no es tan importante. Quizá tres o cuatro tipos de piezas diferentes basten para hacer un juego muy interesante, sobre todo si estas permiten varias formas de ensamblarse unas con otras.

Por muchos modelos de este tipo que se hayan ideado, desde luego el récord imbatible en diversidad y originalidad sigue siendo de la naturaleza. En ella, tres piezas (electrón, protón y neutrón) y tres formas de unirlas entre sí (fuerzas nucleares, eléctricas y gravitatorias) permiten construir cuanto nos rodea, desde los océanos, los astros y las tormentas, pasando por nuestros propios cuerpos, e incluyendo la biodiversidad de las junglas, los engranajes de nuestro teléfono móvil o el aliento de la persona que duerme a nuestro lado.

Curiosamente, todos los estudios de cómo funciona el universo suelen mostrarnos sorprendentes simplicidades explicando la diversidad. Así la química, a medida que descubría la inmensa diversidad de las sustancias que existen o pueden diseñarse, descubrió también que todas ellas estaban formadas por apenas un centenar de átomos diferentes. Estos se denominaron elementos químicos y se clasificaron en el llamado "sistema periódico". El análisis de esa tabla de elementos y sus regularidades, desveló que ese centenar de elementos diferentes se podían construir en realidad con tres partículas más pequeñas (las tres antes citadas), que se denominaron "elementales". Cuando los estudios de esas partículas avanzaron y se descubrió que las había de muchos más tipos, empezó a sospecharse que no eran tan "elementales" y supimos que estaban formadas de otras más simples y pequeñas aún. En esa investigación de los últimos componentes de la materia seguimos indagando, y probablemente con un buen trecho aún por desentrañar.

El ciudadano medio pocas veces se para a pensar en cómo funcionan las cosas que nos rodean, y de qué estamos hechos nosotros mismos y todo lo demás. Al fin y al cabo todo funciona bastante bien sin que necesitemos conocer muchos detalles. No nos hace falta saber lo que hay bajo el capó de nuestro coche, de su mantenimiento se encargan técnicos que lo saben. También podemos respirar tranquilamente, sin preocuparnos del intercambio de gases por hematosis en nuestros pulmones. Además la naturaleza suele ser predecible… con el sol saliendo cada día y las montañas moviéndose pocas veces de su sitio, no necesitamos saber de astronomía ni geología. Todo ello nos deja tiempo para preocuparnos de nuestros problemas cotidianos. Y claro, también tenemos los medios de comunicación para recordarnos la trascendencia de la boda del año, o para intentar entender las decisiones políticas, la marcha de la economía o el último fichaje de un deportista de élite. Por todo ello no es de extrañar que al ciudadano medio le suenen a ficción electrones, átomos, células o moléculas. De su etapa escolar probablemente sólo recuerda que son cosas pequeñas, aunque ya no tenga muy claro cuáles lo son más ni dónde están. Incluso muchas personas se sorprenden, al saber que de esas cosas es de las que estamos hechos nosotros y cuanto nos rodea.

En estas líneas nos ocuparemos de esos diminutos protagonistas y de su función. Eso sí, para leer lo que sigue hace falta un mínimo de curiosidad, si usted es de los que prefiere saborear su plato favorito sin conocer los ingredientes, probablemente esto le aburrirá.

Seguiremos una secuencia constructiva, mostrando cómo en cada etapa piezas más sencillas pueden ensamblarse para construir otras mayores y más interesantes, hasta llegar a los seres vivos. Este es el orden en que hoy entendemos que está hecho todo, aunque el orden en que eso se descubrió fue prácticamente el contrario. Primero fuimos conscientes de que los seres vivos tienen órganos y tejidos. Con los microscopios se descubrió más tarde que esos tejidos estaban formados por unidades muy pequeñitas llamadas células. También que muchos seres vivos (microbios) eran simples células independientes. Más tarde, descubrimos que esas células tienen pequeñas estructuras formadas por complejas moléculas que llamamos "orgánicas". En última instancia esas moléculas están formadas por átomos (y los átomos por algunas piezas aún más pequeñas). A quien se sienta un poco perdido entre cosas de tan distinto tamaño, creo que le ayudará a situarse el siguiente "mapa orientativo" sobre la escala de los objetos que iremos describiendo.

Probablemente el lector conocerá presentaciones mejores, en que se muestra lo que aparece al ir ampliando o reduciendo cualquier cosa un factor 10 repetidamente. El esquema que propongo a continuación vendría a ser eso pero mucho más simplificado, dando saltos más grandes (x1000 cada vez).

En nuestro recorrido, el "orden" tendrá un papel esencial. Así, un trozo de hierro es simplemente una enorme cantidad de átomos de hierro apelmazados. Por el contrario, un vaso de agua son también una enorme cantidad de átomos de Oxígeno e Hidrógeno, pero no colocados completamente al azar, sino agrupados primero de tres en tres formando bloques diminutos H-O-H que llamamos moléculas (normalmente representadas H_2O). El caso más extremo de orden serán los seres vivos. Aunque seamos básicamente enormes cantidades de átomos de Carbono, Hidrógeno, Oxígeno y Nitrógeno, tenemos esos átomos cuidadosamente colocados en forma de moléculas, con la forma adecuada para cumplir multitud de funciones importantes. Con esas moléculas están formadas nuestras células, y con ellas los tejidos que constituyen nuestros órganos.

Comencemos el relato por esos diminutos protagonistas llamados átomos.

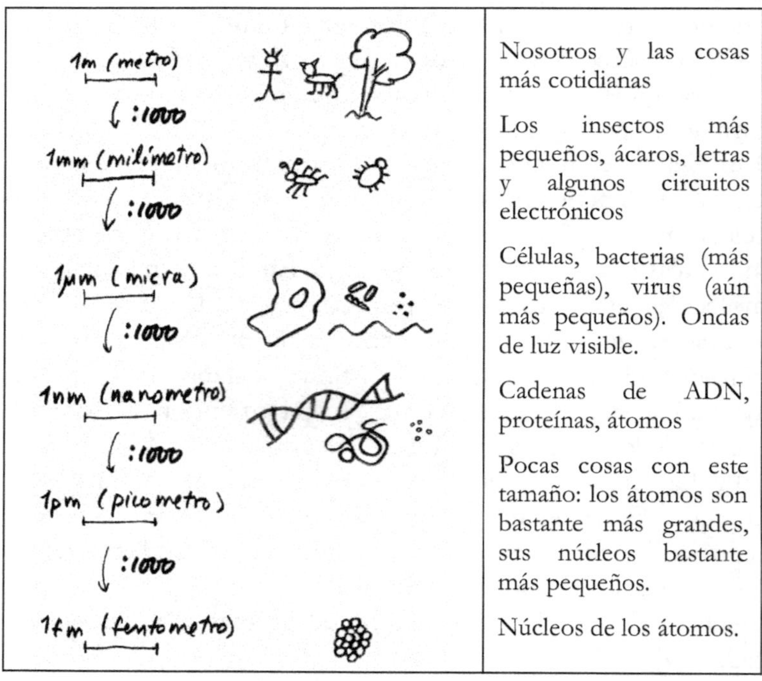

1m (metro)
:1000
1mm (milímetro)
:1000
1μm (micra)
:1000
1nm (nanometro)
:1000
1pm (picometro)
:1000
1fm (fentometro)
Nosotros y las cosas más cotidianas
Los insectos más pequeños, ácaros, letras y algunos circuitos electrónicos
Células, bacterias (más pequeñas), virus (aún más pequeños). Ondas de luz visible.
Cadenas de ADN, proteínas, átomos
Pocas cosas con este tamaño: los átomos son bastante más grandes, sus núcleos bastante más pequeños.
Núcleos de los átomos.

Construyendo átomos

Probablemente el primer hombre que concibió la idea de átomo fue el filósofo griego Leucipo, unos 500 años antes de Cristo. Eso no significa una especial clarividencia para adelantarse a su tiempo: aquella cultura generó casi todas las hipótesis posibles sobre la constitución de cuanto nos rodea, y sencillamente alguno tenía que acertar. En cualquier caso, es admirable que aquellos hombres se hiciesen semejantes preguntas, ocupados como estarían (igual que nosotros) por sus cuestiones domésticas, políticas, económicas o deportivas.

Leucipo detestaba la idea que de que cualquier cosa pudiese dividirse indefinidamente en trozos cada vez más pequeños, y propuso que todo debía estar hecho de piezas elementales "sin partes" (eso significaba la expresión "a-tomo") que ya no se podrían dividir. Según él, esos átomos al no tener mecanismos ni partes internas, serían inmutables y eternos. Simplemente sus combinaciones y movimiento explicarían la composición y el cambio de cuanto nos rodea. Los griegos pensaron que bastaba con pocos tipos de átomos para explicar la diversidad… concretamente con cuatro (aire, agua, tierra y fuego) podría ser suficiente. Así, una planta estaría hecha de aire y fuego tomado del sol por sus hojas, junto con agua y tierra tomadas por sus raíces. Un tronco, después de secarse (perder agua) podía arder desprendiendo aire (el humo) y fuego, y dejando tierra como residuo (las cenizas). Igualmente explicaban que algunos metales se obtuviesen calentando ciertos minerales en un horno, pensando que los metales eran átomos de tierra combinados con átomos de fuego. El oro era simplemente átomos de tierra con muchísimo fuego, como sugería su color, el mismo que adquiere cualquier material calentado al rojo. Visto así, fabricar oro simplemente era cuestión de descubrir alguna sustancia que permitirse añadir más fuego al metal sin que lo perdiese al enfriarse. A eso llamaron "la piedra filosofal". El esfuerzo de todos los alquimistas de la antigüedad por encontrar esa "piedra filosofal" no logró generar oro, pero nos brindó un tesoro aún mayor: el descubrimiento de multitud de productos y reacciones químicas que serían el preludio de nuestra actual química. Y de paso la desilusión de que no existían los átomos de fuego, y el descubrimiento de que no eran cuatro los elementos, sino cerca de un centenar.

El avance de conocimientos físicos y químicos a principios del siglo[1] 20, permitió a la vez confirmar y desmentir la intuición de Leucipo.

Confirmarla porque efectivamente todo estaba hecho de pequeñas partículas, comportándose como él imaginó. Era cierto que cualquier reacción química, la misma vida, y todo cuanto se mueve o cambia a nuestro alrededor, surge del movimiento incesante de esos átomos sin que ellos apenas se alteren. Curiosamente no hace tanto tiempo que tenemos esa certeza, en 1921 Einstein recibió el premio Nobel en parte por terminar de convencer de ello a todos con su explicación del llamado "movimiento Browniano". Dicho efecto, conocido desde hacía casi un siglo, había sido observado por primera vez en 1827 por el naturalista escocés Robert Brown. Utilizando un microscopio, Brown había descubierto que pequeños granos de polen en agua mostraban un movimiento incesante y aleatorio. Ese mismo "efecto Browniano" se observó también en motas de polvo y otros cuerpos inertes diminutos, lo que descartó que se moviesen por sí mismos. Einstein comprendió su origen: objetos tan diminutos son zarandeados por el golpeteo al azar de las moléculas del líquido, aunque sean mucho más pequeñas que ellos aún. Analizando su comportamiento, pudo deducir el tamaño de dichas moléculas y sus velocidades. Sus resultados encajaban con las teorías atómicas que en aquella época aún estaban en duda, lo que terminó de convencer a todos de su existencia.

Como decíamos, el principio de siglo también desmintió la idea de Leucipo, ya que los átomos sí tienen partes, pudiendo dividirse y transformarse. Esas transformaciones requieren energías mucho mayores que la de cualquier reacción química, y son las reacciones nucleares. Apenas ocurren de forma espontánea en nuestro tranquilo planeta tierra, pero sí de forma masiva en las estrellas.

---

[1] Ver el penúltimo capítulo sobre la numeración latina para los siglos.

Por ello, antes de comentar qué es capaz de construir la naturaleza con los átomos vamos a explicar cómo son ellos, de qué están hechos y de dónde provienen.

Los átomos son tan pequeños que durante mucho tiempo no pudieron verse, y sólo sabíamos de ellos por ser la única forma de explicar el resultado de todos los experimentos. Aproximadamente hacen falta 10 millones de ellos en fila para hacer una cadena de un milímetro. Hoy en día ya podemos "verlos", aunque no con "luz" ya que son unas 10000 veces más pequeños que las ondas de luz. Los microscopios electrónicos y de efecto campo hacen esa función. La siguiente imagen muestra el aspecto que ofrecen algunos átomos metálicos bajo un microscopio de efecto túnel.

Átomos de Platino y Niobio en una superficie de esa aleación, captados con un microscopio STM de efecto túnel. Algunos puntos más brillantes son unos pocos átomos de otro tipo que estaban presentes como impurezas.

https://www.iap.tuwien.ac.at/www/surface/stm_gallery/chemical_resolution

Normalmente podemos imaginarnos los átomos como diminutas pelotitas que se unen unas a otras para formar moléculas o redes cristalinas. Aunque la imagen siguiente pretende ilustrar su estructura, su forma depende de su estado de excitación y su enlace con otros vecinos. Los átomos son más pequeños que las ondas de la luz visible, de modo que no pueden "verse" con ella, y por tanto tampoco tiene sentido preguntar "de qué color son". De todos modos, pueden emitir luz de diferentes colores según se los excite; de modo que si pudiesen "verse", su "color" dependería de sus circunstancias.

Un átomo suele compararse a un sistema planetario, con el sol enormemente grande en el centro, rodeado de diminutos planetas que la fuerza de gravedad sujeta girando a su alrededor. La comparación es en parte acertada, porque los átomos constan de un núcleo diminuto donde está toda su masa, rodeados de una nube de electrones (que son partículas aún más diminutas y muy livianas) sujetos por la atracción de su carga eléctrica. Por otra parte la comparación no es muy buena, porque (según la mecánica cuántica) los electrones no se dedican a seguir tranquilas trayectorias más o menos circulares alrededor del núcleo como hacen los planetas, sino que están más o menos deslocalizados.

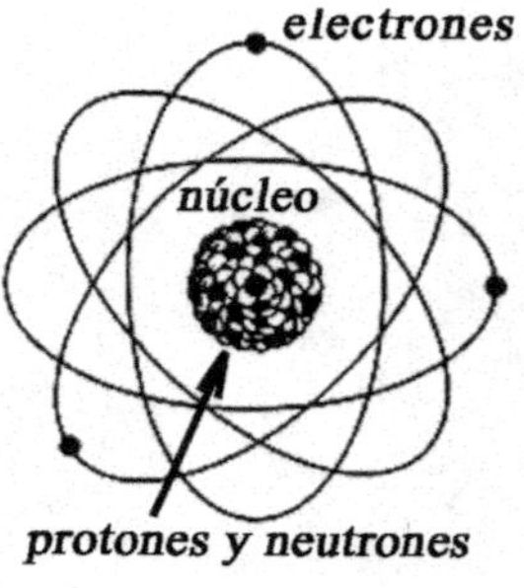

Imagen nada realista con que es habitual ilustrar los átomos, con su núcleo en el centro (exageradamente grande) y los electrones orbitando alrededor formando una especie de sistema planetario.

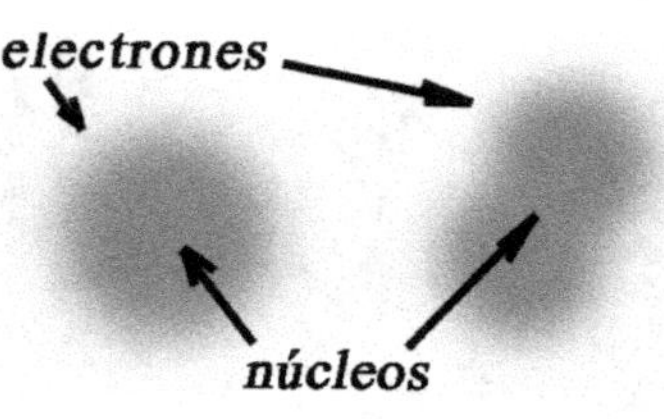

Imagen más realista de un par de átomos. Los núcleos en sus centros no son visibles a esta escala (son 100000 veces más pequeños), tampoco los electrones (más pequeños aún). Los electrones no siguen "órbitas" sino que se distribuyen como una nube de carga alrededor del núcleo.

En ese sentido un átomo se parece más a una nube de mosquitos rodeando un pastel. Si decidiésemos pesar semejante conjunto podríamos olvidarnos de los mosquitos, el único peso apreciable sería el del pastel. Si decidiésemos medir el tamaño de ese conjunto (mosquitos más pastel) probablemente no sería fácil, pero desde luego sería muchísimo mayor que el pastel o que cada mosquito, con la mayoría de los mosquitos rondando cerca del pastel, pero algunos yendo y viniendo a varios metros de distancia. En el caso de los electrones ocurre lo mismo, y por ello el tamaño del conjunto (átomo) es muchísimo mayor que el tamaño de cada componente. De este modo un átomo es una región prácticamente vacía, en la que una nube de electrones diminutos rodea a un núcleo también minúsculo. Su peso es prácticamente sólo el del núcleo, pero su tamaño (el de la nube de electrones) ocupa una región enorme comparada con lo diminuto de sus componentes.

La estabilidad de un átomo proviene de dos efectos antagónicos en equilibrio. Por una parte el núcleo (que tiene carga eléctrica positiva) atrae a los electrones (que tienen todos carga negativa). Por otra parte, la repulsión entre los electrones y su necesidad cuántica de estar deslocalizados no les dejan acercarse demasiado. El resultado de esas fuerzas antagónicas y enormemente intensas es un sistema tremendamente estable, aunque prácticamente vacío. Un núcleo con seis cargas positivas, rodeado de seis electrones a su alrededor, constituye un átomo de carbono. La compensación de cargas positivas y negativas hace que desde fuera parezca una pequeña esfera neutra. Las intensas fuerzas que operan en su interior sólo se ponen de manifiesto si le intentamos deformar o arrancar algún electrón.

Es importante darse cuenta de que, por muy "vacío" que esté el espacio ocupado por cada átomo, es "su espacio" y allí no puede haber otro. Podemos acercar dos átomos hasta ponerlos "casi en contacto" pero la repulsión entre sus electrones impide apretarlos aún más.

La situación podría compararse a una habitación que llenásemos de globos inflados. Una vez hecho eso sería muy difícil entrar en la habitación… ¡a pesar de estar prácticamente vacía! (Probablemente todos esos globos desinflados nos cabrían en un bolsillo). Del mismo modo apilando muchos átomos de carbono obtenemos un trozo de grafito o un diamante, según cómo los coloquemos… y por muy sólido que nos parezcan esos materiales, son espacio casi vacío a escala atómica. Raramente somos conscientes de que la materia sólida está prácticamente vacía, y que su aparente rigidez es la resistencia de los electrones a ser comprimidos.

En algunas ocasiones la naturaleza sí es capaz de comprimir los átomos, dejando poco espacio vacío dentro de ellos. Eso es lo que ocurre en unos exóticos astros llamados "estrellas de neutrones". En ellos, la enorme presión gravitatoria logra aplastar los átomos hasta pegar los electrones al núcleo ¡sería como pegar los mosquitos al pastel! Si comprimiésemos de ese modo la gran pirámide de Guiza, seguiría pesando lo mismo, pero su tamaño se reduciría al de un grano de arroz... eso nos da a entender hasta qué punto esa pirámide que tan sólida nos parece, ¡es realmente un montón de espacio más vacío que la habitación llena de globos!

La seña de identidad de cada átomo es la carga eléctrica de su núcleo. Ella determina cuántos electrones se colocarán a su alrededor hasta compensarla y resultar neutro, y por tanto determina el tamaño del átomo. La colocación de los electrones alrededor del núcleo, formando la llamada "corteza" del átomo, no es totalmente arbitraria: las leyes cuánticas determinan cómo pueden acomodarse, y con ello cómo ese átomo interaccionará con otros que se aproximen, y por ello todas sus propiedades químicas.

El más sencillo de todos los átomos es el de hidrógeno, con una sola carga eléctrica en su núcleo, y por ello un solo electrón a su alrededor. El átomo más pesado que se encuentra de forma natural es el de Uranio, con 92 cargas en su núcleo y otros tantos electrones a su alrededor. Los átomos aún más pesados tienen núcleos inestables, de forma que no se encuentran de forma natural pero pueden generarse en los laboratorios.

Por tomar un ejemplo de tamaño medio, un átomo de Neón es un núcleo con 10 cargas positivas alrededor del cual se encuentran atrapados 10 electrones. Las leyes cuánticas determinan que esos 10 electrones se coloquen en dos capas, cabiendo sólo dos en la más interna, y los otros 8 óptimamente empaquetados en la más externa. Esta configuración hace que los átomos de Neón sean casi perfectas esferas neutras e inalterables, y por ello no se unan a otras para formar moléculas.

A diferencia del Neón, un átomo de Sodio, es un núcleo con 11 cargas positivas rodeado por 11 electrones. De ellos, los 10 primeros tienen el mismo empaquetamiento óptimo que en el caso del Neón, pero el 11° electrón adicional del Sodio queda un tanto "desubicado" en su exterior. Ello permite a los átomos de Sodio perder con facilidad ese electrón o compartirlo con otros átomos. Resultado de ello es que el sodio sea una sustancia muy reactiva. Resultado de ello es también que el sodio sea muy buen conductor de la electricidad, gracias a que esos electrones poco ligados pueden moverse con facilidad pasando de uno a otro átomo en un trozo de ese material. De este modo, dos átomos como el Sodio y el Neón que difieren en una sola carga de su núcleo (y por ello en un solo electrón de su corteza) pueden tener comportamientos y propiedades radicalmente distintas.

Por el contrario átomos con distinto número de electrones pueden tener propiedades similares. Como ejemplo, los átomos de Potasio contienen 19 electrones de los cuales 18 forman capas muy compactas y el último queda algo independiente, al igual que ocurría con el Sodio. Por ello Sodio y Potasio tienen muchas propiedades parecidas. El descubrimiento de propiedades similares, que se repiten periódicamente al avanzar en la secuencia de átomos de tamaño creciente, permitió clasificarlos en una tabla denominada "sistema periódico de los elementos", en la cual se agrupan teniendo en cuenta esas similitudes. Finalmente la física cuántica permitió explicar el motivo de esas propiedades y de sus similitudes y diferencias, al explicar cómo se comportan y empaquetan los electrones alrededor de cada núcleo.

Probablemente lo más interesante de los átomos sea su capacidad para "pegarse" unos a otros formando piezas estables más grandes denominadas "moléculas", que comentaremos más adelante. Las moléculas más sencillas constan de tan sólo dos átomos, mientras que nuestros cromosomas son enormes moléculas formadas por más de 10.000 millones de átomos, que aún así no llegan a medir ni una milésima de milímetro, empaquetados en el núcleo de nuestras células.

De este modo, los átomos del "sistema periódico" son un juego de casi cien piezas con muy diferentes propiedades, que la naturaleza puede ensamblar para construir piezas mayores de variedad prácticamente ilimitada. Probablemente bastaría con muchas menos piezas para fabricar un bonito y variado universo. De hecho, el 95% de la materia viva está hecha de sólo cuatro átomos distintos, Carbono, Hidrógeno, Oxígeno y Nitrógeno; a cuyas enormes capacidades de combinarse de distintas formas debemos la fantástica complejidad y diversidad de los seres vivos. El 5% restante de los átomos que nos forman son básicamente una docena ellos diferentes, como el Fósforo, Sodio, Hierro, Yodo, etc. usados más escasamente.

Se denomina "elemento químico" a cada tipo de átomo y, para referirse a ellos de forma abreviada, se utilizan por convenio universal letras mayúsculas o pares de ellas, que se denominan "símbolos químicos de los elementos". Así C representa el carbono, H el hidrógeno, Hg el mercurio, Au el oro y Ag la plata (para los tres últimos se trata de las iniciales de su nombre en latín). Originalmente los primeros elementos químicos fueron representados por distintos símbolos heredados de los alquimistas, como los ilustrados a continuación. Fue el químico sueco Jacob Berzelius (1779-1848) quien propuso representarlos por las letras que utilizamos actualmente.

Símbolos antiguos de algunos elementos químicos, y su versión moderna.

Es sorprendente que la variedad de combinaciones que permiten los átomos, surja de esa simplicidad de las piezas con que están construidos, básicamente sólo tres distintas: protones, neutrones y electrones. Habiendo hablado algo ya sobre los electrones que forman su exterior, vamos a comentar el papel de las otras dos partículas (protones y neutrones) que forman los núcleos.

Reacciones nucleares. Cómo construir un núcleo.[1]

Imaginémonos en el papel de unos dioses-ingenieros, que estuviesen planeando construir un bonito universo utilizando solo dos o tres piezas sencillas y algunas formas básicas de unirlas. Una inteligente estrategia sería utilizarlas primero para fabricar con ellas otras piezas más variadas y con más posibilidades de combinación. Lo descrito en el anterior apartado es precisamente ese procedimiento: usando sólo núcleos (todos parecidos) y electrones (todos iguales) obtuvimos un juego de unas cien piezas todas diferentes (los átomos) enormemente más versátil. Y para unirlas nos bastó con un solo tipo de "pegamento", las fuerzas eléctricas.

Cabe notar un par de detalles interesantes. El primero es que hicieron falta cargas de distinto signo para lograr átomos estables, combinando atracciones y repulsiones. Nos hacía falta que los núcleos atrajesen a los electrones para sujetarlos a su alrededor, pero que los electrones se repeliesen entre ellos para mantenerse a cierta distancia sin pegarse todos al núcleo. El otro ingrediente importante, en que no entraremos de momento, es el comportamiento cuántico de los electrones, que determina cómo éstos se empaquetan por capas alrededor de los núcleos.

---

1 Para simplificar la exposición, no mencionaré aquí la interacción nuclear débil, ni la estructura interna de protones y neutrones, ni la existencia de otras partículas elementales, ni tantos otras precisiones como realmente se podrían hacer. Se trata de dejar algunas cosas fuera del tintero con el fin de no emborronar el relato que nos ocupa.

El proyecto "promete", aunque falta algo esencial por "diseñar", los núcleos atómicos. Recordemos que ellos eran parte clave de cada átomo, una región muy pequeña en su centro, responsable de todo su peso, y cuya carga era su seña de identidad. La carga de cada núcleo determina cuántos electrones lo rodearán para formar un conjunto neutro, y por ello determina su comportamiento.

Así pues, necesitamos construir núcleos con una, dos, tres… o hasta 90 cargas, pero ¡ciertamente sería muy poco elegante para ello tener que "crear" 90 objetos diferentes! Veamos cómo puede hacerse en realidad con sólo dos partículas y un nuevo tipo de pegamento.

La partícula clave se llama protón. Se trata de un pequeño personaje con la misma carga del electrón (aunque positiva), pero mucho más pesado que él (recuérdese que va a ser el responsable de casi todo el peso del átomo).

Claramente un protón sirve como núcleo de un átomo de hidrógeno (el que tiene un solo electrón a su alrededor). Pegando dos protones tendríamos un núcleo con carga dos, pegando tres, cuatro o hasta 90 protones tendríamos… ¡todos los núcleos distintos que necesitábamos!

Obviamente hay un detalle que no podemos pasar por alto… los protones son todos positivos, y por ello también se repelen entre sí. Pegar unos cuantos en un sitio tan pequeño como un núcleo requerirá un nuevo tipo de pegamento mucho más intenso que las fuerzas eléctricas, y capaz de vencer esa repulsión. Esa fuerza atractiva la denominamos los físicos "interacción nuclear fuerte".

Bien, parece misión cumplida, con una sola partícula (protón) y una nueva forma de unirlas (interacción nuclear) tenemos todos los núcleos que queríamos.

Por desgracia las cosas no son tan sencillas, y un diseño como el descrito no funcionaría, salvo que tomemos algunas precauciones. Esa nueva fuerza de atracción que acabamos de "crear" para pegar protones, tiene que ser mucho más intensa que las eléctricas para sujetar protones de la misma carga que se repelen, pero no puede ser "del mismo tipo". Si la atracción nuclear venciese siempre a la repulsión eléctrica, en cuanto acercásemos unos cuantos átomos con la intención de formar una molécula, sus núcleos se atraerían formando un solo núcleo más pesado. Todo un desastre porque ¡nunca podríamos tener moléculas!, sólo tendríamos núcleos cada vez mas y más pesados y nuestros bonitos átomos no servirán para nada. Por suerte hay una solución sencilla, y es que la fuerza nuclear, aunque mucho más intensa, sea de corto alcance. Efectivamente, la atracción eléctrica es de largo alcance, gracias a lo cual los electrones siguen ligados al núcleo aunque estén a cierta distancia de él. Por el contrario, la interacción nuclear es más fuerte pero de muy corto alcance. Podríamos imaginarla como una especie de "pegamento de contacto" que sólo actúa cuando los protones se tocan. De ese modo si dos núcleos se acercan aparece una repulsión entre ellos debido a sus cargas eléctricas positivas, y sólo si llegan a tocarse pueden quedar pegados debido a la fuerza nuclear. En condiciones ordinarias varios átomos pueden unirse formando moléculas gracias a las fuerzas eléctricas (y efectos cuánticos) de sus electrones, pero la repulsión entre núcleos impide que se acerquen tanto como para pegarse unos a otros. Naturalmente, condiciones extremas de altísima presión y energía sí pueden lograr que dos núcleos lleguen a "tocarse" quedando pegados para formar uno más grande, es lo que se denomina "fusión nuclear" y ocurre habitualmente en el interior de las estrellas.

Aunque el plan sea bueno, si de verdad queremos tener un universo interesante, más vale que seamos cuidadosos con la intensidad de las fuerzas que estamos manejando. Esa interacción nuclear fuerte no puede ser ni demasiado fuerte ni demasiado débil. Si fuese demasiado débil, sólo tendríamos pocos núcleos muy pequeños, ya que no podría compensar la repulsión de varios protones juntos. Si la interacción nuclear fuese demasiado fuerte, los núcleos serían demasiado estables, y cada vez que dos se uniesen ya nunca se separarían. Por ese procedimiento, con el transcurso del tiempo, cada vez quedarían menos moléculas y más núcleos enormes, y nuestro bonito universo no duraría demasiado.

La naturaleza parece haber puesto mucho cuidado en eso, y emplea dos mecanismos de equilibrio. El primero consiste en una interacción nuclear mucho más fuerte que la eléctrica pero no demasiado. De ese modo un núcleo se rompe o deja de crecer cuando tiene ya demasiados protones repeliéndose. El otro mecanismo consiste en el uso de una partícula similar al protón (igual de pesado y también con interacción nuclear) pero sin carga eléctrica, el neutrón. En general, los núcleos estables contienen típicamente protones y neutrones en proporciones similares, de hecho el núcleo más estable de todos tiene 26 protones y 30 neutrones. La presencia de neutrones en un núcleo contribuye a su estabilidad, por tener fuerzas de "adhesión" nuclear igual que los protones, pero no provoca "repulsión" eléctrica, por carecer de carga. Naturalmente en cada núcleo protones y neutrones contribuyen a su masa, pero sólo los protones determinan su carga.

Así pues, lograr todos los núcleos estables que necesitábamos, pero sin que puedan crecer incontroladamente, ha requerido crear sólo dos partículas nuevas (protón y neutrón) y un nuevo pegamento entre ellos (la interacción nuclear fuerte) mucho más intensa que la eléctrica, pero de mucho menos alcance que ella.

Según todos los cálculos, parece ser que esos ingredientes básicos que acabamos de describir (protones, neutrones y electrones) estuvieron disponibles ya a los pocos segundos de la formación del universo, en cuanto el big – bang se enfrió un poco. No obstante, aquellas condiciones no eran adecuadas para que se uniesen formando núcleos de distintos tamaños. Básicamente, lo único que dio tiempo a formarse en esos primeros instantes fueron núcleos con un solo protón (es decir, de Hidrógeno), o con dos protones (de Helio). Generar un universo como el actual, con toda la variedad y abundancia de átomos que hoy conocemos, requirió un cuidadoso cocinado a fuego lento. Ese proceso tuvo lugar en las primeras estrellas, y requirió la intervención de una tercera fuerza adicional, la gravedad.

Como hemos dicho, los núcleos son la seña de identidad de los átomos, y por ello poder alterar los núcleos significa poder crear y destruir distinto tipo de átomos. Esa posibilidad no se pudo ni imaginar hasta principios del siglo 19. Cuando Leucipo imaginó sus átomos los consideró inmutables y eternos. Al fin y al cabo, si eran objetos tan simples que no podían ser divididos ni tenían partes ¡qué podría cambiar en ellos! Realmente, en las condiciones cotidianas esa imagen es correcta. Cualquier material, sale muy mal parado si lo sometemos a procesos tan extremos como fundirlo en las entrañas de un volcán, hacerle caer un rayo, o disolverlo en los ácidos más corrosivos… pero nada de eso altera a sus átomos. En todos esos procesos, los átomos simplemente participan agitándose cuando se les calienta, cediendo temporalmente algunos electrones cuando conducen la electricidad, y simplemente cambiando de pareja en las más agresivas reacciones químicas imaginables. En ningún momento se altera su identidad, dada por sus núcleos.

Cambiar un átomo significa cambiar su núcleo y, desde luego, las energías necesarias para ello son mucho mayores que las de los anteriores ejemplos. Si se trata de separar sus componentes, porque habrá que vencer la tremenda fuerza de adhesión del "pegamento" nuclear. Si se trata de pegar dos núcleos, porque habrá que acercarlos venciendo la repulsión eléctrica entre ellos. Básicamente esas son las dos formas en que podemos cambiar un núcleo. Romperlo en trozos más pequeños "despegando" algunos de sus componentes, se denomina fisión. Pegar núcleos pequeños para formar uno mayor se denomina fusión. Ambos procesos involucran energías tremendamente más grandes que las necesarias para unir o separar los átomos de una molécula, y por ello no son habituales en nuestro entorno cotidiano. Este tipo de reacciones denominadas nucleares son el origen de la radiactividad, y su composición son esos diminutos componentes con esas tremendas energías o velocidades.

Que sea más fácil alterar un núcleo por fusión o fisión depende básicamente de su tamaño y proporción de protones/neutrones, (que, como hemos descrito antes, determinan su estabilidad por el equilibrio de fuerzas atractivas y repulsivas en su interior). Del núcleo más estable que ya hemos citado con 56 partículas (26 protones y 30 neutrones), podríamos decir que tiene el tamaño y composición óptimos. Tomar ese núcleo y hacerle más pequeño rompiéndolo, o hacerle más grande añadiéndole componentes costaría mucha energía. Por el contrario acercarnos a ese tamaño óptimo rompiendo núcleos más grandes (fisión) o pegando núcleos más pequeños (fusión) libera enormes cantidades de energía. Ese es el origen de la energía nuclear.

De este modo, los núcleos muy grandes e inestables son radiactivos, es decir, se rompen espontáneamente, emitiendo fragmentos con gran cantidad de energía. Además es fácil provocarles para que lo hagan con más rapidez. Las enormes cantidades de energía liberadas así "fisionando" núcleos grandes son las que se generan en las centrales nucleares, y en las bombas atómicas de fisión[1]. Su construcción se basa en concentrar gran cantidad de ese tipo de átomos con núcleos muy grandes e inestables como uranio, plutonio, etc.

Por el contrario, núcleos más pequeños que el tamaño óptimo, si llegan a tocarse se "fusionan" violentamente para generar otros más grandes y estables. Esa es la forma en que generan energía el sol, las bombas de Hidrógeno, y los futuros reactores de fusión, si es que logran fabricarse algún día. La dificultad de provocar reacciones de fusión es que se necesita aportar primero una enorme cantidad de energía, para lograr aproximar los núcleos hasta tocarse, venciendo sus repulsiones eléctricas. Pero una vez logrado obtenemos una energía aún mucho mayor. Este es precisamente el mecanismo que mantiene encendidas las estrellas, y también el que empleó la naturaleza para generar toda la variedad de núcleos y átomos con que está hecho cuanto nos rodea.

---

1 En esos casos puede provocarse su desintegración simplemente añadiéndoles algún protón o neutrón adicional para terminar de desestabilizarlos.

Como hemos comentado antes, en el origen del universo prácticamente sólo existían los átomos más ligeros de Hidrógeno y Helio. No existían átomos de oxígeno con los que fabricar agua, ni de silicio con que fabricar rocas, ni ningún otro elemento… Definitivamente era un universo recién estrenado que aún daba realmente poco juego. En las primeras estrellas que se formaron, las tremendas presiones y temperaturas de su interior fueron lentamente fusionando esos núcleos ligeros, y generando todos los demás núcleos. Ese proceso se denomina nucleosíntesis estelar. Por ese procedimiento, las estrellas se enriquecen poco a poco en núcleos más pesados, llegando a agotar casi todo su Hidrógeno. Esos procesos requieren algunos eones (miles de millones de años o Giga-años), es realmente un guiso a fuego lento. Cuando finalmente el Hidrógeno escasea en las estrellas, otras reacciones nucleares más violentas se encienden y las hacen explotar, desperdigando por el espacio el material generado en su interior. De ese material, ya rico en diversidad de átomos, estamos hechos nosotros y cuanto vemos a nuestro alrededor. Las estrellas que hoy observamos, como nuestro sol, se formaron mucho después, y por ello, además de Hidrógeno, tienen a su alrededor materiales de todo tipo (polvo, asteroides, agua, planetas, etc.) que son las cenizas de aquellas primeras generaciones de estrellas.

Como puede verse, llevó su tiempo (y alguna que otra casualidad) lograr un universo como el que ahora contemplamos, y unos seres como nosotros capaces de contemplarlo. Claramente en esta última etapa ha jugado un papel esencial una tercera fuerza de cohesión, la gravitatoria. Gracias a ella los materiales se atraen, reuniéndose para formar estrellas. Gracias a ello se fabricaron en su interior todos los núcleos necesarios. Gracias a la gravedad también, la materia se apelmaza formando planetas y nos mantenemos sujetos a ellos. Y gracias también a la gravedad tenemos otras estrellas que ahora nos calientan.

Una bonita frase afirma que "estamos hechos de polvo de estrellas". Como puede ver el lector, no se trata en absoluto de una licencia poética. Muy al contrario, es una descripción muy precisa sobre el origen de todo cuanto nos rodea. Ese "todo" incluye el aire que respiramos, el material que forma este texto, las manos que lo hojean o los ojos que lo están leyendo.

Más variedad. Moléculas, segunda generación en piezas de construcción

Una colección de cromos o de canicas no es un juego de construcción. La clave para serlo no es tanto su variedad sino su capacidad para unirse entre ellas. Como veremos, los átomos que hemos descrito son un fenomenal juego de construcción, más que por su variedad por sus enormes posibilidades de combinación. Casi 100 tipos de átomos diferentes ofrecen muchas posibilidades, pero generar toda la riqueza y diversidad que nos rodea necesita aún mucho más, y la estrategia de la naturaleza es de nuevo fabricar con esas piezas otras más versátiles aún, las moléculas. Una molécula es un grupo de átomos unidos entre sí de forma estable.

Uniendo dos átomos de Oxígeno se tiene una molécula que también se denomina Oxígeno, y que los químicos representan como O-O ó como O_2 (es decir, representando cada átomo de Oxígeno por una letra O). También es posible unir de forma estable tres átomos de oxígeno, la molécula resultante se denomina Ozono y se representa por O_3 . Esos tres "objetos" (átomos O, moléculas O_2 y moléculas O_3) tienen propiedades radicalmente distintas. Los átomos O son muy reactivos, y se adhieren entre sí o a otros átomos con enorme facilidad oxidándolos. Las moléculas O_2 mucho más estables y menos agresivas son el 21% del aire que respiramos. Las moléculas de ozono, O_3, son irritantes y desinfectantes, pero imprescindibles en la atmósfera para protegernos de la radiación ultravioleta solar. También son ligeramente inestables, por lo que el choque con algunas otras las rompe con facilidad.

La siguiente figura representa un átomo de oxígeno, una molécula de oxígeno y otra de ozono. Para ello hemos representado cada átomo de oxígeno por una esfera oscura. Como dijimos antes, los átomos ni son "bolitas" ni tienen "color" pero es habitual representarlos de esta forma para distinguir los de uno y otro tipo, e indicar cómo están colocados en las moléculas que forman. En lo que sigue representaremos en color oscuro los de oxígeno, blancos los de hidrógeno, grises los de carbono, etc.

Átomo de oxígeno molécula de oxígeno (O-O ó O_2) molécula de ozono O_3.

Con átomos pegándose entre sí parecería sencillo comenzar a construir, pero falta un pequeño detalle esencial. Para que las moléculas de oxígeno existan formando parte del aire y las respiremos, no basta con que podamos formar parejas de oxígeno… ¡algo tiene que impedir seguir uniendo átomos de oxígeno! De lo contrario a dos átomos se uniría un tercero, un cuarto, un quinto… y miles más. De ese modo, al final en la atmósfera no habría moléculas de O_2, sino bloques sólidos formados por millones de átomos de oxígeno.

Por suerte los átomos no se unen entre sí de forma casi arbitraria, como lo hacían los protones en el núcleo, sino de forma mucho más selectiva… al fin y al cabo son objetos más complejos que aquellos. De hecho, si algo hace peculiar a cada átomo, más que su peso o tamaño, es su forma de unirse a otros.

Para visualizarlo, podríamos decir que cada átomo tiene unos pocos "anclajes" por los que puede unirse a otros átomos formando "enlaces". Así átomos como Carbono, Nitrógeno, Oxígeno, Flúor y Neón (muy similares en peso y tamaño) se comportan de forma radicalmente diferente porque tienen respectivamente 4, 3, 2, 1 y ninguno de estos "anclajes". Los químicos llaman "valencias" a esos "anclajes".

El origen de esos "anclajes" se encuentra en la forma en que están colocados los electrones en la capa más externa de los átomos, determinada por las leyes cuánticas que obedecen. Sin entrar en los detalles, podríamos decir que en la capa más externa de un átomo caben 8 electrones de forma perfectamente compacta y estable. Esos son los que tiene el Neón. El Flúor, con un electrón menos, tiene en su capa externa sólo 7, por lo que acepta fácilmente la llegada de otro electrón o al menos compartir uno de otro átomo vecino. Y así sucesivamente hasta el Carbono que tiene 4 electrones externos y por ello cuatro "huecos" para llenar o compartir.

El resultado de ello es que el Neón no se une a otros átomos, y por ello no forma moléculas, mientras que el Carbono tiene cuatro puntos de "anclaje" (valencias) con las que unirse a otros átomos.

La variedad de combinaciones atómicas para formar moléculas es sorprendente incluso contando con pocos átomos diferentes, y quizá el récord de posibilidades lo tengan los átomos de Carbono e Hidrógeno. Los átomos de Carbono tienen 4 valencias o "anclajes" mientras que los de Hidrógeno (más pequeños) sólo una y, como ya dijimos, se representan en química con los símbolos C y H.

Las siguientes imágenes muestran algunos ejemplos de ese tipo de moléculas, que por contener sólo átomos de H y C se denominan "hidrocarburos". Para cada molécula se muestra su aspecto más o menos realista y su "fórmula molecular esquemática". En las fórmulas esquemáticas cada átomo se representa por su símbolo, y con líneas sus enlaces con átomos vecinos. En las imágenes más realistas, las esferas blancas representan átomos de Hidrógeno (más pequeños) y las grises átomos de Carbono, como ya dijimos. Junto al nombre de cada sustancia se acompaña también la fórmula abreviada, esto es, la que simplemente indica el número de átomos de cada tipo como las "O_2" y "O_3" que hemos descrito antes.

Molécula de Metano CH_4.

H−C≡C−H

Molécula de Acetileno C_2H_2.

Molécula de Propano C_3H_8.

Molécula de Butano C_4H_{10}.

Molécula de Octano C_8H_{18}.

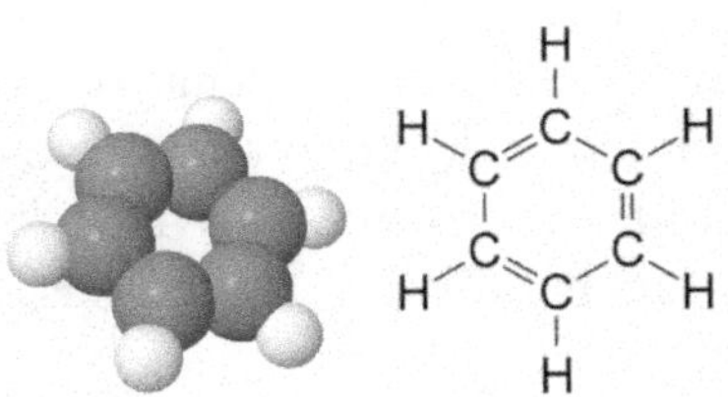

Molécula de Benceno C_6H_6.

Nótese que, en algunos casos, átomos vecinos pueden unirse por más de un enlace, como en el benceno o el acetileno.

Para hacerse una idea de su tamaño real, téngase en cuenta que esas imágenes corresponderían a una ampliación de unos 30 millones de aumentos.

Algunas moléculas pueden ser casi tan grandes como se desee, como es el caso de los polímeros. Se trata de cadenas formadas por la repetición de bloques similares. Un ejemplo sencillo es el del polipropileno, mostrado en la figura siguiente.

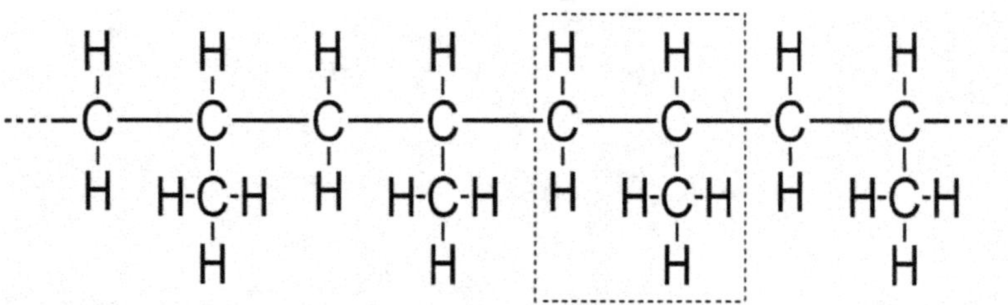

Fragmento de cadena de un polímero, indicando con un recuadro punteado el eslabón que se repite llamado monómero, y que en este caso es $-[C_3H_6]-$.

Con polipropileno se suelen fabricar parachoques, juguetes, bolsas, fibras para tejidos, discos CD, … Como puede verse, la base es un pequeño bloque (llamado monómero) formado por 3 carbonos y 6 hidrógenos, que puede repetirse formando moléculas en forma de cadena tan largas como se desee (llamadas polímeros).

Otro ejemplo de enormes moléculas en forma de cadena, aunque mucho más complejas, son los cromosomas de los seres vivos, que pueden estar formados por más de 10.000 millones de átomos. Se trata de cadenas de ADN que llegan a medir varios centímetros de largo, aunque se encuentran en el interior de las células en forma de ovillos (los cromosomas) ocupando sólo unas micras (milésimas de milímetro). Volveremos a ellos más adelante.

Naturalmente utilizando más elementos la variedad aumenta aún más. Los siguientes ejemplos muestran moléculas incluyendo también el oxígeno (de símbolo O y 2 valencias, representado en color gris más oscuro). De hecho, la asombrosa complejidad del funcionamiento de los seres vivos, prácticamente se basa sólo en esos tres elementos junto con el Nitrógeno (C, H, O, N), interviniendo el resto (como Hierro, Calcio, Fósforo, ….) en muy pequeñas cantidades.

Como primer ejemplo mostramos una molécula de agua.

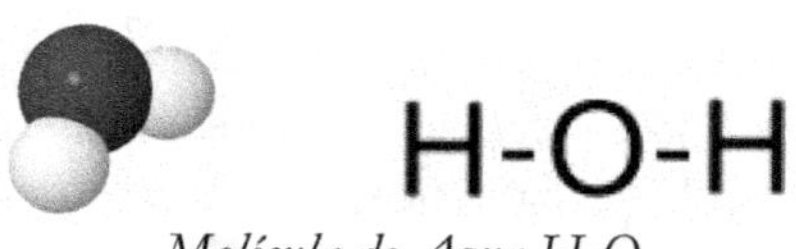

Molécula de Agua H_2O

Un vaso de agua es simplemente una agrupación de muchas, muchas, muchas como ésta juntas. Si se las enfría suficientemente se pegan unas a otras quedando inmóviles y tenemos hielo. Si se las calienta se separarán para moverse libremente formando vapor de agua.

Las siguientes imágenes son ejemplos de las moléculas que constituyen sustancias cotidianas, como el azúcar, el alcohol, etc. En cada caso se muestra su aspecto más realista y el esquema de átomos que la forman. También aquí, verlas de ese tamaño supondría unos 30 millones de aumentos; los átomos blancos y pequeños son hidrógeno, los gris-claro representan carbonos y los gris oscuro oxígenos.

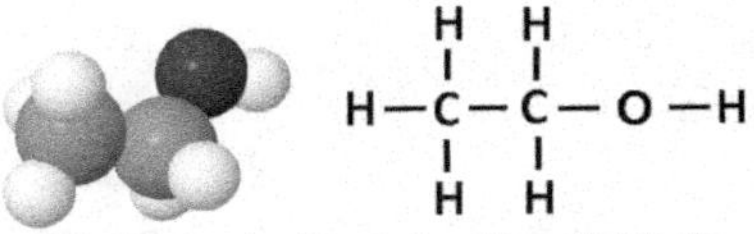

Molécula deAlcohol etílico C_2H_6O.

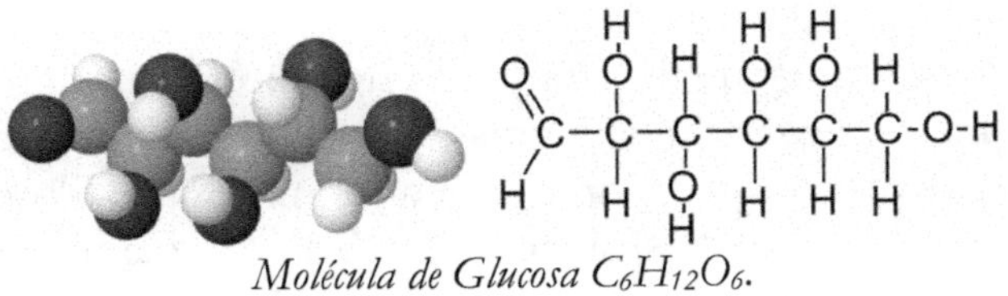

Molécula de Glucosa $C_6H_{12}O_6$.

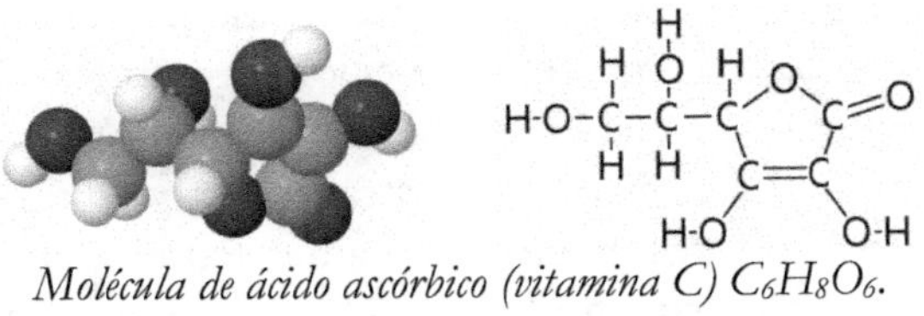

Molécula de ácido ascórbico (vitamina C) $C_6H_8O_6$.

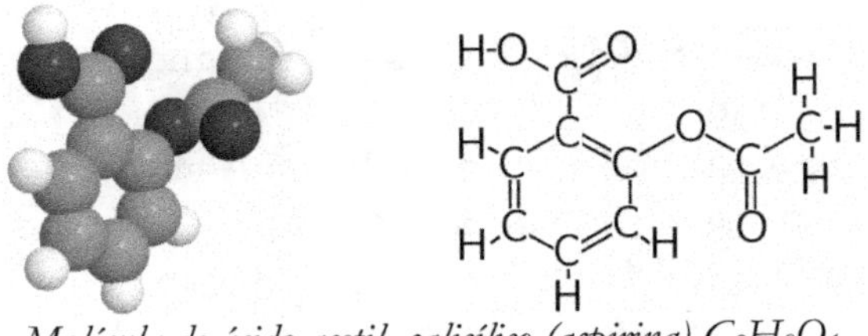

Molécula de ácido acetil -salicílico (aspirina) $C_9H_8O_4$.

Como puede entenderse, las posibilidades para generar distintas estructuras es prácticamente ilimitada. Incluso con los mismos átomos es posible generar moléculas muy diferentes. Como ejemplo, la siguiente figura muestra tres moléculas muy distintas con la misma composición: dos carbonos, cuatro hidrógenos y un oxígeno, es decir, todas son C_2H_4O, y se denominan "isómeros".

```
   O            H              H
  / \           |              |
H-C—C-H         C=C—O—H      H-C—C=O
  |  |          |  |           |  |
  H  H          H  H           H  H
```

Tres isómeros, sustancias diferentes con moléculas muy distintas pero formadas por los mismos átomos C_2H_4O.

Reacciones químicas: la magia de transformar sustancias

La energía que une los átomos de una molécula es modesta, comparada con las mucho más grandes que mantienen la identidad del átomo. Por ello, en la mayoría de procesos cotidianos en que las sustancias cambian (ya sea al arder, al oxidarse o al cocinar los alimentos) los átomos no se alteran lo más mínimo, solamente se recolocan formando distintas moléculas. A eso llamamos "reacciones químicas". Veamos algunos ejemplos de ellas.

El gas natural que llega a nuestras casas y mueve muchos vehículos es casi totalmente metano. Para quemarlo debe combinarse con oxígeno, que puede tomarse del aire o aportarse directamente para lograr mayores temperaturas. Imaginemos que pudiésemos ver a escala microscópica lo que está ocurriendo. A la salida del quemador, antes de encenderlo, veríamos millones de moléculas de metano y oxígeno como las de la figura, mezcladas y chocando entre sí sin demasiada energía, de modo que ninguna de ellas llega a romperse.

Una vez encendida la llama o una chispa, la alta temperatura hace que las moléculas se mueven a gran velocidad en esa zona, de modo que los choques entre ellas son más violentos y las rompen separando sus átomos, que pueden recolocarse. En concreto, cada molécula de metano que se rompe deja libre un átomo de carbono y cuatro de hidrógeno. Cada uno de estos átomos de carbono, al chocar con moléculas de oxígeno, se "pega" a ellas formando una molécula de CO_2 (dióxido de carbono). Por su parte los átomos de hidrógeno se pegan por parejas con átomos de oxígeno formando moléculas de agua H_2O. La anterior figura muestra también las moléculas resultantes. Éstas son mucho más estables que las de partida, de modo que en la recombinación es bastante "violenta". Ello hace que tras cada choque las nuevas piezas salgan despedidas con más energía que con la que chocaron. Eso rompe otras moléculas de metano y mantiene en marcha el proceso. A nuestra escala, eso supone un gran desprendimiento de calor que mantiene la llama encendida. Basta por ello una chispa en la mezcla de gases para que algunas moléculas comiencen a reaccionar, pues el calor que las primeras generan mantendrá ya la reacción del resto. De este modo a la llama llega gas de metano y, tras combinarse con oxígeno, sale "humo", formado por dióxido de carbono y vapor de agua, junto con bastante calor.

Nótese que los átomos son los mismos, basta contarlos en la figura para comprobar que ninguno ha aparecido ni desaparecido. No se han alterado, simplemente se han recolocado. Ello significa que estas moléculas se combinarán y generaran en proporciones muy precisas. En concreto cada molécula de metano combinada con dos de oxígeno genera una de dióxido de carbono y dos de agua. Los químicos representan esa reacción y esas proporciones por la fórmula $CH_4+2O_2 \rightarrow CO_2+2H_2O$. En ella los números delante de las moléculas indican cuántas de ellas participan, y los subíndices indican el número de átomos que constituyen cada una. Basta contar el número de átomos de cada tipo para comprobar que no ha aparecido ni desaparecido ninguno, sólo han "cambiado de pareja".

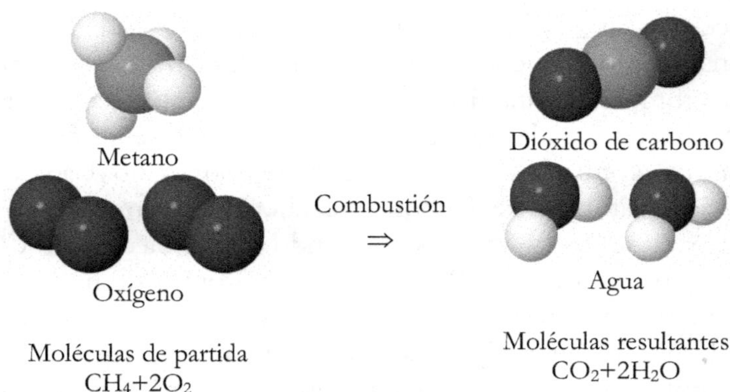

Intercambio de átomos en la reacción química de combustión del metano.

Como resultado, unas sustancias se han transformado en otras totalmente distintas, pero la cantidad de materia sigue siendo exactamente la misma. El balance de moléculas de uno y otro tipo también debe ser exacto, si en la llama hubiese más cantidad de metano o de oxígeno, simplemente quedarían moléculas de ese tipo sin quemar. Precisamente, esa exactitud de proporciones en las reacciones químicas fue la que dio la pista a los primeros investigadores (leyes de Proust en 1795 y Dalton en 1803) sobre lo que estaba ocurriendo en ellas.

De esas proporciones se pueden deducir muchos más detalles de la reacción, en concreto significa que cada litro de metano se combina con dos de oxígeno generando uno de dióxido de carbono y 2 de agua. Sabiendo lo que pesa cada molécula (que están en proporción 16, 64, 44 y 36), se deduce también que cada 16 gramos de metano se combinan con 64 gramos de oxígeno para generar 44 gramos de dióxido de carbono y 36 gramos de agua.

La energía desprendida en la llama proviene del balance entre la energía de los enlaces en las moléculas de partida y en las resultantes. De este modo la cantidad de átomos, la cantidad de materia, e incluso la cantidad de energía se conservan, solamente se transforman.

Otro ejemplo de transformación química muy ilustrativo se obtiene combinando dos sustancias muy peligrosas como son el ácido clorhídrico y el hidróxido sódico. El ácido clorhídrico disuelto en agua es una sustancia muy corrosiva que se suele denominar "salfumán". Cada una de sus moléculas está formada por un átomo de Cloro unido a uno de Hidrógeno, de modo que su "fórmula molecular" es HCl (Cl el símbolo químico con que se representa el Cloro). El hidróxido sódico, también muy peligroso, en las droguerías se suele denominar sosa cáustica. Sus moléculas están formadas por tres átomos de sodio, oxígeno e hidrógeno, de modo que su fórmula química es NaOH (Na el símbolo químico con que se representa el sodio).

Si mezclamos ambas sustancias en un frasco, la reacción se produce rápidamente sin necesidad de calentar, ya que las moléculas de partida son un tanto inestables, y los choques entre ellas a temperatura ambiente son suficientes para romperlas, permitiendo a sus átomos reordenarse. El proceso se podría ilustrar como indica la figura: en cada choque de una molécula de HCl con una de NaOH, sus átomos se recolocan formando una ya conocida de H_2O (agua) y una nueva NaCl que es la sal común:

De modo abreviado la reacción química es

$$NaOH+HCl \rightarrow H_2O+NaCl.$$

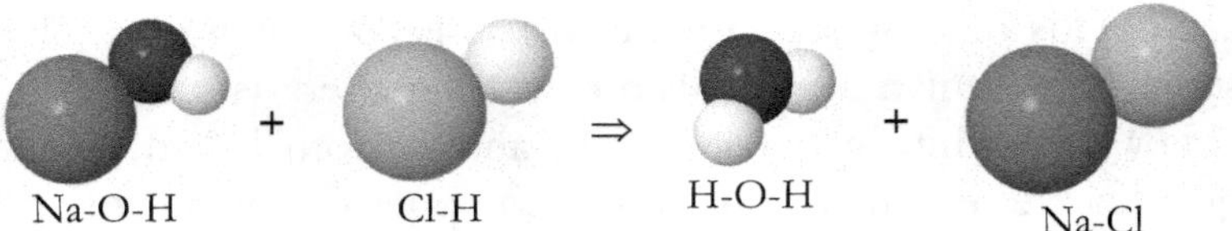

Intercambio de átomos en la reacción química de neutralización de HCl (ácido clorhídrico) y NaOH (sosa cáustica), resultando H_2O (agua) y NaCl (sal común).

Como puede verse, básicamente el átomo de sodio y el de cloro intercambian sus posiciones. Así pues, el resultado de mezclar esos dos compuestos tan peligrosos y corrosivos es simplemente agua salada ¡que nos podríamos beber tranquilamente! Los átomos en todo momento son los mismos, pero su reorganización da lugar a sustancias radicalmente diferentes. Un simple "montar y desmontar" estructuras con las mismas piezas de construcción.

Desde luego no se recomienda hacer la prueba en casa... El motivo es la exactitud de sus proporciones. Cada molécula de sosa reacciona exactamente con una de ácido, de modo que, si las proporciones de la mezcla no son exactas, además de formarse agua y sal sobrará ácido o sosa ¡y la mezcla seguirá siendo muy peligrosa!

Este mismo procedimiento se puede utilizar para eliminar la acidez de estómago tras una comida copiosa, aunque en ese caso en lugar de sosa se toma bicarbonato sódico, que es inofensivo. El resultado es también la desaparición del ácido y la generación de agua y sal, por lo que es un método que no se recomienda para quien deba evitar el consumo de sal.

Desde luego el récord de reacciones complejas lo tienen los seres vivos. Tanto es así, que durante mucho tiempo los químicos fueron incapaces de generar ninguna de las sustancias que los seres vivos producen con facilidad (como grasas, aromas, resinas, etc.) A todas esas sustancias, que se encontraban en los organismos vivos pero no podían producir en sus laboratorios, los químicos los denominaron "compuestos orgánicos". Con ello los distinguían de todas las sustancias que era posible producir en sus laboratorios y a las que denominaron "inorgánicas" (como el agua, las sales, los ácidos, los óxidos, etc.) De hecho, se llegó a pensar que los seres vivos tenían algún "aliento vital" que era la clave de la vida y les permitía generar esas sustancias. Con el avance de la química se entendió que esos compuestos orgánicos no tenían nada de especial, salvo el tratarse de moléculas muy complicadas. Hoy en día cualquiera de ellas se puede obtener en nuestros laboratorios, pero sigue manteniéndose esa denominación de "compuestos orgánicos".

La vida misma es un proceso químico enormemente ordenado, que involucra transformaciones de infinidad de moléculas siguiendo procedimientos sumamente detallados. La clave de los seres vivos para lograr eso resultó no ser ningún misterioso "aliento vital", sino una enorme cantidad de información. Como veremos a continuación, los seres vivos guardan, copian y procesan esa valiosa información también en forma de moléculas

Moléculas complejas para la maquinaria de la vida.

Los seres vivos emplean repetidamente la estrategia constructiva de ensamblar piezas pequeñas y versátiles para construir otras más complejas. No obstante, en este relato desde los componentes más pequeños, aún nos queda bastante para llegar a "construir" el ser vivo más simple, es decir, una sola célula. Aunque las moléculas que forman los seres vivos se encuentran entre las más complejas, algunas ideas importantes son sorprendentemente simples.

El salto de las moléculas más sencillas a las más complejas de los seres vivos básicamente requiere dos pasos. El primero es disponer de unas "piezas" muy versátiles denominadas "aminoácidos", de los que se muestran algunos ejemplos en la siguiente figura. El segundo es encadenar esos aminoácidos para generar piezas más grandes y variadas que son las proteínas, de modo similar a como fabricábamos los polímeros.

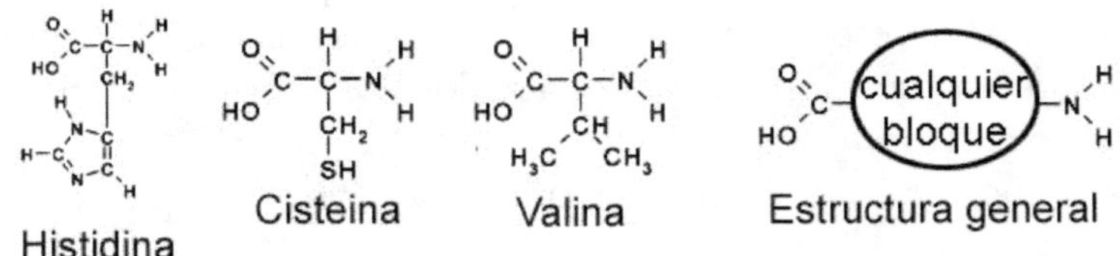

Ejemplo de algunos aminoácidos, y esquema de su estructura general.

Como muestra la figura anterior, cada aminoácido es una pequeña molécula con dos "enganches" formados por un grupo de átomos "$-NH_2$" llamado "amino", y otro grupo "$-COOH$" de tipo ácido. Soportando ambos grupos puede haber cualquier otro grupo de átomos, lo que significa que existen infinidad de posibles aminoácidos diferentes. A pesar de ello, sorprendentemente, los seres vivos utilizan sólo unos pocos aminoácidos diferentes para generar su tremenda diversidad de proteínas. En concreto TODOS los seres vivos del planeta se han puesto de acuerdo en usar EL MISMO juego de sólo unos 20 aminoácidos diferentes.

Como hemos indicado, lo más interesante de los aminoácidos es que se pueden encadenar unos con otros formando cadenas tan largas como se desee, que serán las proteínas. Ello se produce por medio de sus grupos -COOH y -NH_2 . Como muestra la figura, ello ocurre desprendiendo una molécula de agua al formar cada enlace (es lo que se denomina "enlace peptídico").

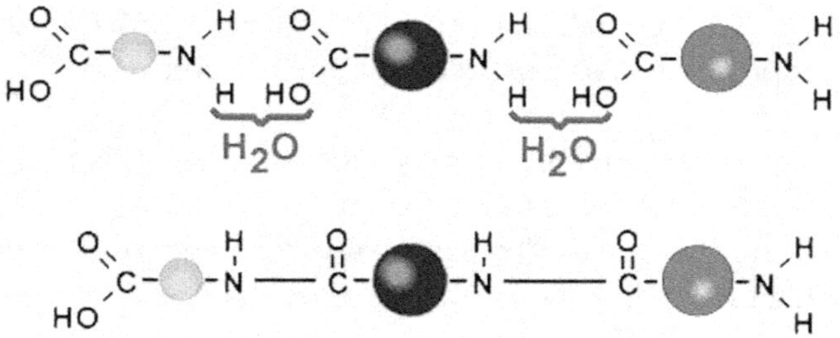

Ilustración del mecanismo de enlace de tres aminoácidos por sus grupos –NH_2 y -COOH para formar cadenas, En cada enlace formado se libera una molécula de agua.

Fabricar una proteína cualquiera requiere únicamente disponer de esos pocos aminoácidos y leer en algún sitio el orden en que deben ir colocándose. La siguiente figura muestra como ejemplo el aspecto que podría tener una proteína ficticia, y tres aminoácidos con los que se ha construido.

Lo más interesante de estas cadenas es que, una vez ensambladas, el encaje de sus distintas piezas les hace plegarse, adquiriendo una forma peculiar, que depende de qué eslabones la forman. De este modo una secuencia diferente de aminoácidos genera una proteína que se plegará de forma diferente, y por ello tendrá distinta forma y utilidad.

Las proteínas pueden ser increíblemente complejas y variadas, pero todas tienen la misma estructura básica cadenas de aminoácidos plegadas después de ensamblarse. Se trata por tanto de largas cadenas como los polímeros que describimos antes, con un par de diferencias importantes que les aportan enormes posibilidades. La primera, que en vez de estar formadas por una única pieza repetida, contienen eslabones (aminoácidos) diferentes ordenados que las caracterizan. La segunda es que se pliegan adoptando formas específicas, dependiendo de qué eslabones las formen.

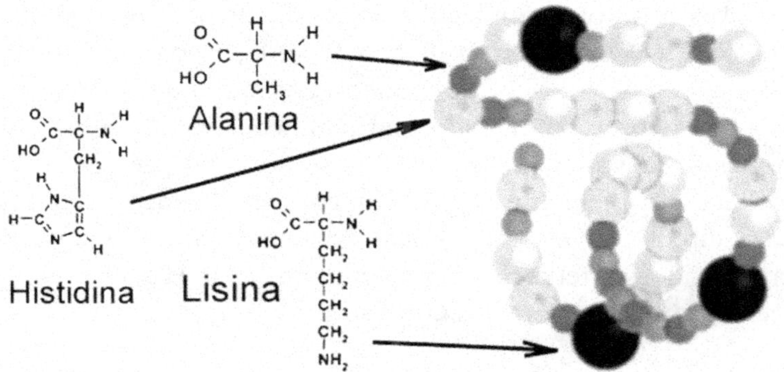

Construcción de una proteína utilizando sólo tres aminoácidos diferentes, y aspecto final que tendría la molécula una vez plegada. (Se trata sólo de una ilustración, probablemente esta proteína no la utilicen los seres vivos ni se plegase de esa forma).

Las proteínas son los verdaderos "ladrillos" de construcción de los seres vivos. Se trata ya de piezas de una considerable complejidad y variedad. Una célula podría compararse con una enorme fábrica llena de todo tipo de máquinas. Las paredes de esa fábrica, sus puertas y sus conductos están hechos de proteínas. En esa fábrica hay máquinas para elaborar todo tipo de sustancias, para construir esas máquinas, para construir la propia célula, y hasta para leer los planos con la información para todo ello. Todas esas máquinas son proteínas o combinaciones de proteínas.

Las proteínas son tremendamente variadas, desde las más simples a las que forman ovillos extraordinariamente complejos con distinta utilidad para la célula. Algunas proteínas tienen la forma adecuada para formar la pared, estructuras o conductos de la célula. Otras tienen la forma adecuada para servir de soporte a la piel y los huesos (como el colágeno), o para formar los caparazones de los insectos (como la quitina). Otras (como la miosina) son capaces de contraerse ante ciertos estímulos, y permiten moverse a los animales formando sus músculos. Otras (como la fibrina) pueden enredarse formando el tejido que tapona las heridas. Otras (como las encimas) son verdaderos laboratorios químicos, que pueden hacer encajar en sus recovecos distintos átomos o moléculas provocando las más diversas reacciones. Otras actuarán como anticuerpos en nuestro sistema defensivo. Y así de modo prácticamente interminable.

Como hemos comentado, partiendo de un juego bastante modesto de aminoácidos, la célula puede fabricar cualquier proteína, simplemente ensamblándolos en el orden adecuado. Por tanto la clave para fabricar proteínas es conseguir esos aminoácidos, y tener anotado en algún lugar la secuencia en que ensamblarlos para cada necesidad.

Con esto llegamos al tipo de moléculas probablemente más famoso y más característico de los seres vivos, los llamados ácidos nucleicos ADN y ARN. Se trata de otro tipo de largas cadenas en que todos los seres vivos guardan su información "digitalmente". Para ello todos los seres vivos del planeta utilizan un código de sólo cuatro signos denominados nucleótidos, que son los eslabones de estas cadenas. En este caso los eslabones que se repiten son sólo 5 piezas diferentes. Son las moléculas mostradas a continuación, que se denominan Adenina, Timina, Citosina y Guanina[1].

En las cadenas de ADN cada eslabón es una pareja de bloques unidos, según indica la figura, como si fuesen los dientes de una cremallera. De este modo la información se encuentra duplicada en la cadena, lo que facilita su copia y su conservación.

La forma de estos nucleótidos hace que cada uno de Adenina encaje con uno de Timina, y los de Citosina con

---

[1] La quinta no mostrada se denomina Uracilo, y sustituye a la Timina en algunos casos.

Guanina, como se muestra esquemáticamente. Como ejemplo, la siguiente figura muestra un fragmento de cadena de ADN que consta de 12 "eslabones" con la secuencia C-G-C-G-A-A-T-T-C-G-C-G.

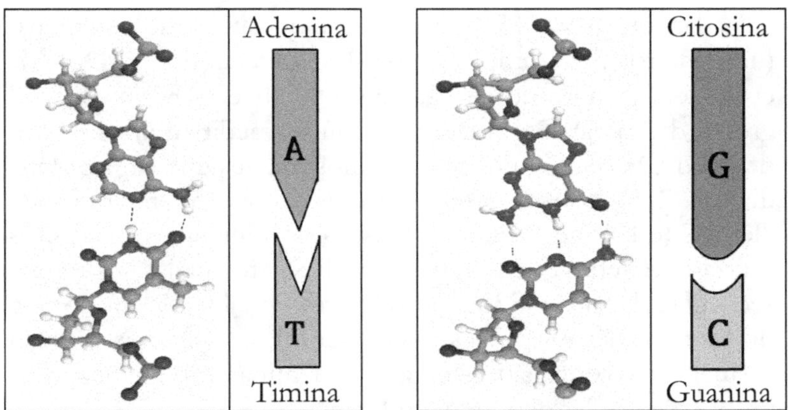

Estructura detallada de los cuatro nucleótidos A, T C y G, y su representación esquemática.

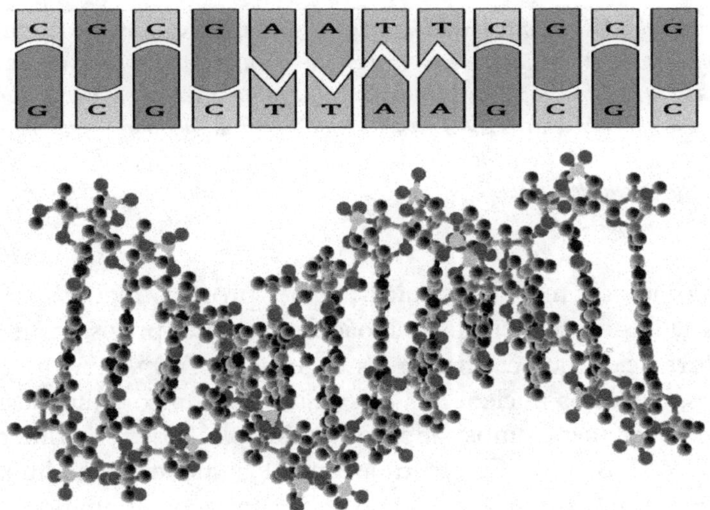

Estructura detallada de un fragmento de cadena de ADN con sólo 12 pares de eslabones mostrando los más de 700 átomos que la componen, y su representación esquemática en forma de nucleótidos.

En cada célula de nuestro cuerpo se encuentran unos dos metros de cadenas de ADN como esta, con toda nuestra información genética, empaquetadas en forma de diminutos ovillos llamados cromosomas. Ello es posible gracias a lo delgadas que son, sólo unas 2 millonésimas de milímetro (nanometros). Si ampliásemos las cadenas de ADN de cualquiera de nuestras células unas 40000 veces hasta darles el grosor de un cabello humano, entonces medirían unos 80 km de largo. De este modo, cada cromosoma es una larga cadena de este tipo con una secuencia de unos 150 millones de "letras" (eslabones). Para algunas aplicaciones los organismos utilizan cadenas denominadas ARN, formadas por una secuencia de nucleótidos, no de pares de ellos, de modo que no son cadenas dobles sino sencillas, similares a una cremallera abierta. En este caso la Timina se reemplaza por un bloque similar denominado Uracilo.

Cadena de ARN con información similar a la de ADN de la figura anterior. Consta sólo de "un lado de la cremallera" y en lugar de piezas de timina utiliza otras similares llamadas uracilo. La naturaleza normalmente utiliza las cadenas completas (ADN) como forma estable de guardar la información, pero estas de ARN cuando necesita transferir esa información. Ello es debido a que su forma de "molde", en que pueden encajarse otras piezas, permite ser "leído" con facilidad.

Como ya vimos, construir cualquier proteína requería tener anotada su secuencia de aminoácidos, y esa es precisamente la información que contienen las cadenas de ADN y ARN. En ellas, cada tres nucleótidos determinan un único aminoácido. En el fragmento mostrado como ejemplo, los tres primeros nucleótidos "C-G-C" determinarían el aminoácido "arginina", seguido del trío "G-A-A" que correspondería al aminoácido "ácido glutámico", etc.

Quizá lo más impactante de este lenguaje sea su universalidad, el ser usado por TODO SER VIVO DEL

PLANETA, incluidos los virus. Hace falta muy distinta información para construir un humano, un árbol, una araña, un pez abisal o una bacteria, pero todos ellos utilizan las mismas piezas, el mismo código para anotar el orden en que ensamblarlas, y el mismo procedimiento para guardar y leer la información. Parece bastante evidente que esa escritura fue inventada una sola vez por algún antecesor de todos ellos.

Otra consecuencia interesante de estar formados con las mismas piezas es que sean reutilizables. Esto es, que "desmontando" un ser vivo, pueden usarse para "construir" o "reparar" otro. De hecho, comer no es más que incorporar a nuestro organismo trozos de otros seres vivos, ya sean animales o vegetales, (en el fondo las piezas son casi las mismas). Digerir es básicamente desmontar esas piezas, reduciéndolas a proteínas o aminoácidos. Así al alimentarnos proporcionamos a nuestro organismo componentes y recambios para reponer los que hayamos gastado, o piezas para construirnos a nosotros mismos (crecer), o sustancias que nos proporcionen energía. Las plantas son los únicos seres vivos capaces de generar sus propios materiales a partir de la luz, todos los demás seres vivos necesitamos piezas tomadas de otros para nuestro funcionamiento.

Todo informático sabe que de nada sirve proteger mucho cualquier información, siempre puede fallar algo y perderse. La clave para conservar cualquier dato es generar copias suyas. Esa es precisamente la gran ventaja de esas cadenas ADN y ARN que acabamos de describir, la facilidad para ser copiadas. En el caso del ARN podemos ver la cadena como un "molde" en el que basta encajar las piezas complementarias para tener una copia suya "en negativo". En el caso del ADN se puede hacer lo mismo, primero "abriendo la cremallera" y rellenando luego cada mitad para obtener dos copias iguales.

Desde luego, si algo caracteriza a los seres vivos es su capacidad para hacer copias de ellos mismos. Todos son frágiles y ninguno demasiado duradero pero, gracias a su habilidad para generar copias, vienen manteniendo su existencia desde hace más de 3000 millones de años. De hecho creemos que el comienzo de la vida fue la aparición azarosa de alguna primera molécula, que en condiciones adecuadas pudiese provocar copias suyas. Quizá fue alguna proteína o fragmento sencillo de ARN. El caso es que bastó con que surgiese una sola capaz de copiarse, para que poco después hubiese millones como ella. Y si las copias no eran perfectas pues mucho mejor, así surgían variedades. Algunas de ellas no podrían copiarse mientras otras serían más eficientes aún para hacerlo, había comenzado la selección natural.

En la siguiente sección describiremos cómo están construidas esas complejas y maravillosas estructuras, los seres vivos. Comenzaremos por los más sencillos, las células.

La célula, compleja factoría y ladrillo de construcción.

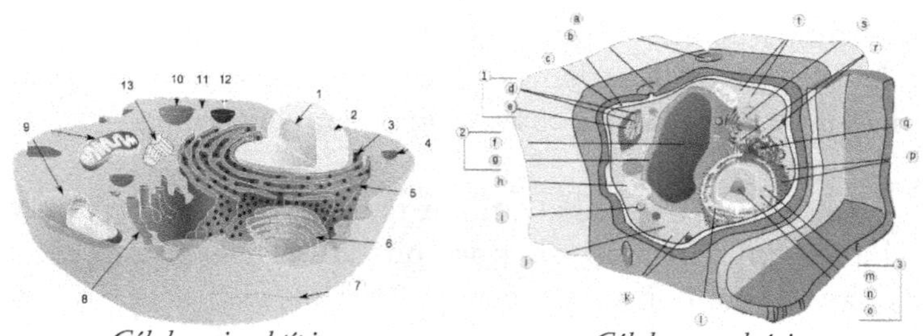

Célula animal típica *Célula vegetal típica.*
https://commons.wikimedia.org/wiki/File%3ABiological_cell.svg
https://commons.wikimedia.org/wiki/File%3APlant_cell_structure_svg_labels.svg

Como dijimos, los seres vivos repiten la estrategia de generar estructuras más complejas combinando piezas más simples. De hecho, cada uno de nosotros está formado por órganos que realizan funciones más o menos independientes, esos órganos por varios tipos de tejidos, y esos tejidos por distintos tipos de células. Cada célula es un ser vivo, el más simple, pero de una tremenda complejidad. En muchas especies tienen su propia vida independiente, pero en otras son "ladrillos de construcción" de seres vivos más complejos.

Nuestros cuerpos, como el de cualquier planta o insecto, están formados por millones de células viviendo en cooperación.

Las imágenes con las que comienza este apartado ilustran un par de células típicas. Esa afirmación, aún siendo cierta y pudiéndose encontrar en cualquier texto básico de biología, no deja de ser algo engañosa. El problema es a qué llamar "célula típica", dada la inmensa variedad de ellas que hay... basta tener en cuenta que existen unos 3 millones de especies de seres vivos. La mayoría de ellos criaturas formadas por una sola célula, capaces de hacer todas las funciones de un ser vivo (alimentarse y reproducirse). En el caso de seres vivos formados por muchas células, además surge la especialización, encontrándose células adaptadas a las más variadas funciones. Por ejemplo, en el caso de un animal, son totalmente diferentes las que forman parte de su sistema nervioso, de sus músculos, de sus huesos, de su sistema digestivo, del inmunitario...

Como hemos dicho, una célula es un ser vivo completo. Vista a escala microscópica, es una enorme factoría automatizada, repleta de máquinas diminutas que le permiten hacer todo lo necesario para estar viva. Los seres vivos que constan de una sola célula se suelen denominar microbios por no haber sido descubiertos hasta que se inventó el microscopio.

Como hemos indicado antes, toda célula guarda en forma de cadenas nucleicas la información necesaria para su funcionamiento. La primera gran distinción que cabe hacer en los seres vivos se refiere a si esas cadenas de información están repartidas por la célula, o concentradas en un recinto separado en su interior denominado núcleo (como las de la ilustración). Las células con núcleo se denominan "eucariotas", son las más modernas, y es con las que estamos construidos animales, plantas y hongos, aunque también hay muchas con vida autónoma. Las células sin núcleo (básicamente las bacterias) se denominan "procariotas", son las más antiguas en el sentido de haber sido las primeras en aparecer, no en el sentido de su actualidad, ya que probablemente son los seres vivos más abundantes y variados del planeta.

En la imagen anterior de una célula se pueden distinguir distintos componentes. Comenzando por el exterior, encontramos la membrana celular. Es la "bolsa" que la engloba, que de múltiples maneras le permite interactuar con el exterior, intercambiando por ejemplo alimento y desechos. En las células vegetales esa membrana externa está reforzada con una pared de celulosa, mientras que en los hongos es de quitina. En su interior puede verse el núcleo, que engloba la mayor parte del material genético, y que sólo tienen las células eucariotas. Otros muchos "orgánulos" dependen del tipo de célula, y cumplen funciones muy diversas. Así los cloroplastos, son pequeñas factorías que permiten a las plantas captar la luz para producir su alimento. Las mitocondrias, son pequeñas centrales de producción de energía, que operan quemando los alimentos. El retículo endoplasmático, son cadenas de montaje y encapsulado de multitud de proteínas y otras sustancias necesarias. Hay "vacuolas", que son depósitos con todo tipo de utilidades y contenidos. Etc., etc.

Como dijimos, el material básico de que están formadas todas esas estructuras son una enorme variedad de proteínas. Cada célula puede ensamblar cualquiera de esas proteínas cuando la necesite, por el procedimiento que vimos de encadenar aminoácidos según la información guardada en su material genético. También son proteínas las máquinas o herramientas que ensamblan esas proteínas, leyendo las secuencias anotadas en sus cadenas de ADN. El conjunto es autosuficiente, y capaz de funcionar, auto repararse, y sacar copias de todo ello (reproducirse) en condiciones adecuadas. De hecho, esa es la clave de su éxito... Ningún ser vivo dura demasiado, pero hasta el más insignificante puede presumir de ser descendiente de una larguísima estirpe de supervivientes, que lograron generar copias de sí mismos sin una sola excepción durante miles de millones de años. Téngase en cuenta que, en cualquier ser vivo, el funcionamiento de su compleja maquinaria conlleva su desgaste y deterioro por la acumulación de desperdicios o pequeñas "averías", hasta que finalmente deja de funcionar (muere). Todos los seres vivos tienen cierta capacidad para repararse, pero finalmente a la naturaleza le resulta más sencillo fabricar uno nuevo que seguir reparando indefinidamente uno ya deteriorado por el uso. Por ello los seres vivos llevamos existiendo miles de millones de años, no gracias a nuestra longevidad, sino gracias a nuestra capacidad para reproducirnos generando nuevas copias a las que pasamos nuestra información genética. Por ese motivo la naturaleza tampoco ha puesto demasiado empeño en que ninguno vivamos demasiado, le basta con que duremos lo suficiente para dejar descendientes. En la obsolescencia programada de que acusamos a muchos productos, y en el empeño consumista por usar y tirar en vez de reparar lo viejo, desde luego la naturaleza es la pionera y maestra. Claro está que ella también es la maestra en reciclar cualquier residuo para emplearlo en nuevas construcciones.

Aunque la inmensa mayoría de los seres vivos existentes son células únicas, el objetivo de esta exposición era describir los juegos de construcción de la naturaleza. Por ello no nos vamos a detener mucho más en cómo funciona una célula, pero sí un poco en cómo la naturaleza las utiliza como piezas para construir organismos más complejos.

Para construir algo tan complejo como una lombriz, la naturaleza vuelve a repetir su estrategia de ensamblar piezas.

Comenzando el nivel más alto de estructuras, esa lombriz está formada por el ensamblaje de varios "aparatos" o "sistemas". Ello incluye un aparato digestivo, que le permite tomar sustancias del exterior y descomponerlas para su alimentación. Incluye un aparato circulatorio, que distribuye alimentos, desechos y oxígeno por todo el animal. Incluye un sistema muscular, que le permite moverse. Incluye una cubierta protectora blanda o dura. Incluye un sistema nervioso, que recibe señales del exterior y acciona coordinadamente esos músculos. Incluye un sistema reproductor, especializado en sacar copias del animal. Y así multitud de funciones más.

Bajando un escalón más, cada uno de esos sistemas está formado por varios órganos. Así el sistema circulatorio puede tener un órgano que bombea la sangre, y multitud de conductos que la distribuyen. El sistema nervioso tiene un "procesador central", y multitud de ramificaciones para captar o enviar señales. El sistema digestivo suele tener separados órganos para triturar los alimentos, para atacarlos químicamente, para absorber los nutrientes y para deshacerse de los residuos.

Bajando otro escalón más, cada órgano está formado por diversos tejidos, que básicamente son de cuatro tipos: epitelial, muscular, nervioso y conjuntivo. Un estómago, por ejemplo, está construido (entre otros componentes) por varias capas de tejido muscular y epitelial, sujetas con otras de tejido conjuntivo.

Al analizar de qué están hechos esos tejidos llegamos ya al nivel de las células como ladrillo básico, puesto que cada tejido está formado por el ensamblaje de células sumamente especializadas en la función para la que sirve.

Así el tejido epitelial forma la piel y otras cubiertas protectoras, y suele estar constituido por células endurecidas (a veces incluso diseñadas para morir en la parte más externa, quedando como protección de las más internas). El tejido muscular está formado por células fibrosas, que contienen abundantes proteínas capaces de moverse al recibir estímulos químicos o eléctricos. El tejido nervioso está formado por células alargadas interconectadas en complejas redes, cuya membrana es capaz de transmitir impulsos de unas a otras. Por último, el tejido conjuntivo (que principalmente sirve de soporte a los demás) incluye variedades con células calcificadas que forman los huesos, células fibrosas que forman tendones, células aisladas que flotan en líquido formando la sangre, etc.

De este modo en un ser vivo pluricelular, cada célula sigue siendo una unidad viva, pero normalmente se ha especializado en alguna función hasta tal extremo que ha perdido su capacidad de vivir por sí misma. Eso normalmente incluye su incapacidad para alimentarse, defenderse o reproducirse por sí sola. Esa especialización es además casi siempre irreversible, de modo que un tipo de célula raramente puede convertirse en otro.

Puesto que todo ser vivo pluricelular comienza siendo una sola célula, cabe preguntarse cómo se organiza para llegar a toda esa diversidad. Además cabe notar que todas las células del organismo se han copiado a partir de una primera, y comparten la misma información genética. La respuesta es lo que se denominan procesos de diferenciación celular. La clave radica en que esa información genética, común a todas las células, incluye instrucciones sobre cómo comportarse o modificarse ella misma en función de las circunstancias en que se encuentre (básicamente en función de señales químicas y hormonales que le lleguen sobre su entorno).

Así, las primeras células de un embrión no están "diferenciadas" y pueden acabar siendo de cualquier tipo. Esas primeras células se denominan células madre o pluripotenciales, y están programadas para convertirse en cualquier tipo que sea necesario. A medida que se multiplican y separan, distintas señales químicas y hormonales indican a algunos grupos de ellas que deben convertirse en células especializadas de uno u otro tipo. Normalmente la proximidad de un tipo de células induce a las demás a comportarse igual. De este modo, una vez que un grupo de células comienza a evolucionar hacia, por ejemplo, tejido muscular, el proceso se reafirma y todas ellas acaban convertidas en tejido muscular.

No obstante casi todos los tejidos conservan siempre una pequeña proporción de células no totalmente especializadas, que aún pueden reproducirse, para reemplazar células dañadas en caso necesario. En algunos tejidos tan especializados como el nervioso esas prácticamente no existen, por lo que lesiones en él son casi irreparables. El estudio de las células madre existentes en el organismo está abriendo fantásticas posibilidades, ya que permitiría obtener células "madre" no diferenciadas de un tejido y colocarlas en otro dañado para regenerarlo.

Virus. Diseños simples, eficientes y perversos.

Los virus no son células como las que hemos descrito, y ni siquiera es claro que los podamos considerar "organismos" vivos. Como hemos visto las células son enormes factorías bulliciosas donde se genera y consume energía, se procesan alimentos y desechos, y donde se construye y maneja todo tipo de maquinaria. De hecho la clave de la vida consiste en su capacidad para construir incluso copias de sí mismas reproduciéndose. Nada de todo eso ocurre con un virus. De él podríamos decir que es un simple maletín conteniendo un manual de instrucciones para fabricar copias suyas.

Un virus no se alimenta, ni genera desechos. No puede reproducirse por sí mismo, no necesita energía ni tiene medios para fabricar nada. El "manual de instrucciones" que contiene un virus suelen ser algunas pocas cadenas de ARN o ADN. El "maletín" puede ser un simple envoltorio de proteínas con algún mecanismo para engancharse a una célula y transferirle su contenido. Por esa simplicidad, apenas existen medicamentos contra los virus[1]: ¡no es fácil "envenenar" a algo que ni come ni respira!

Una infección por virus comienza con alguno de ellos enganchándose a una célula y pasando a su interior las instrucciones que contiene (las cadenas de ADN o ARN). El formato de esas instrucciones es similar al de las que habitualmente usa la célula, de forma que ésta las toma por válidas y comienza a seguirlas. En las ideologías radicales su primer postulado suele ser asegurar que ellas son lo único importante, y el segundo decirnos lo que tenemos que hacer.

---

1 En concreto los antibióticos, fenomenales para tratar infecciones de bacterias, son completamente inútiles ante infecciones debidas a virus. Por ello tomar antibióticos para tratar una gripe no sirve de nada (si acaso sirve para causarnos problemas y fomentar la aparición de bacterias resistentes a ellos).

En eso consisten precisamente las instrucciones del virus, decirle a la célula que ellas son la prioridad, y que se ponga a fabricar copias suyas y nuevos "maletines para virus".

De ese modo, la actividad de las factorías celulares pasa a ser el ensamblar en serie tantas copias del virus original como puede, hasta agotar sus recursos. Una vez hecho esto, normalmente la célula deja de funcionar (muere) y se liberan al exterior multitud de copias del virus original, listas para a infectar a otras células vecinas. Perverso pero simple y eficaz. Comenzamos con un virus y ahora tenemos docenas.

Las siguientes imágenes muestran un par de ejemplos de virus. Todos tienen en común un "depósito" conteniendo las fibras de ADN o ARN, pero el empaquetamiento de proteínas y las estructuras que le permiten conectarse a las células pueden ser muy variadas.

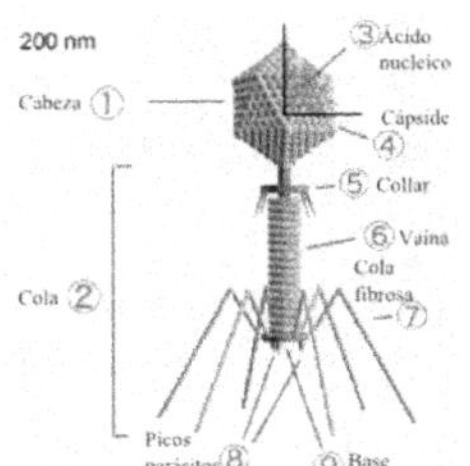

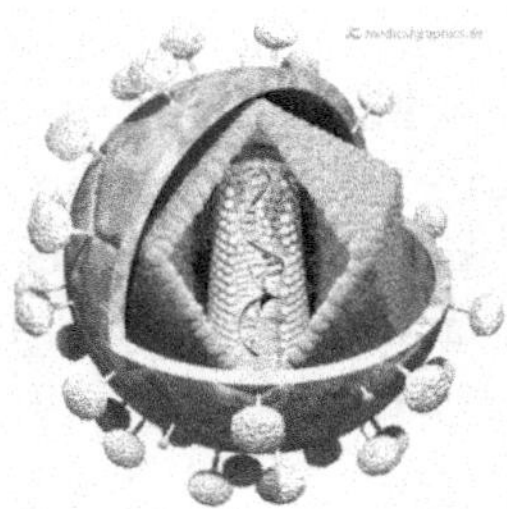

Un par de ejemplos de virus. El de la izquierda es un denominado "bacteriófago", que infectan únicamente a bacterias. El de la derecha es del sida
1. Adapted from De Bacteriophage_structure.png: user: Y_tambederivative work: Ortisa (talk) - Bacteriophage_structure.png, CC BY-SA 3.0, https://commons.wikimedia.org/w/index.php?curid=9822777
2. www.MedicalGraphics.de license CC BY-ND 4.0

Del ingenioso funcionamiento de los virus, la medicina tiene aún muchas cosas que aprender, y posibilidades insospechadas. ¿Qué tal algo parecido a un virus, pero donde las instrucciones que contiene sean para reparar un problema de la célula, o para que ésta fabrique medicinas? Ese tipo de investigaciones ya han logrado muchos resultados espectaculares, y sólo estamos en el inicio.

Por suerte los virus suelen ser paquetes delicados, y no resisten condiciones hostiles ni luz intensa. Por ello, en una colonia de organismos, la infección puede detenerse si están suficientemente separados o el medio es dañino para el virus. También por ese motivo los catarros proliferan durante las estaciones frías, no porque "el frío nos enferme", sino porque tener menos sol y pasar más tiempo en sitios cerrados junto a otras personas favorece el contagio.

En un organismo grande, la infección vírica sólo se detiene si sus defensas encuentran el modo de identificar al agresor y destruirlo, antes de que prolifere acabando con todo. Para una gripe esa reacción normalmente tarda sólo tres o cuatro días. Para una infección de ébola, normalmente el organismo tarda un mes en encontrar la forma de destruir a los virus, y para entonces lo más probable es que el paciente ya haya muerto. En ambos casos, si el organismo está previamente alertado por una vacuna, la reacción contra el invasor será rápida y eficaz, y la infección ni siquiera comenzará.

Nótese que la gravedad de las enfermedades es también una cuestión evolutiva: La gripe fue mortal para generaciones pasadas que no pudieron superarla. Ellos no dejaron descendientes, y simplemente nosotros descendemos de quienes sí la superaron. Del mismo modo, si la medicina no controlase enfermedades como el ébola o el sida, tras varias generaciones sólo quedarían descendientes de los pocos resistentes a ellas, y para ellos esas enfermedades sólo serían afecciones leves sin importancia. Desde luego las soluciones de la naturaleza son muy eficientes, pero bastante despiadadas también.

Niveles de complejidad

Como hemos visto en este pequeño recorrido por el funcionamiento del universo, en él se manifiestan multitud de "niveles de complejidad", de modo que merecerá terminar con algunas reflexiones sobre ello .

Una primera es que los seres vivos no son el último paso en la "construcción" de objetos más complejos a partir de piezas más simples. Ellos a su vez se agrupan en poblaciones, ecosistemas, etc.

Otra importante es que todo ello es posible sólo si en cada paso se dan las condiciones adecuadas. Que sepamos, el universo en sus orígenes era enormemente denso y caliente, de modo que podían existir las partículas más diminutas, pero ni siguiera los núcleos atómicos eran estables en un ambiente tan "agitado". En la superficie del sol las temperaturas son sólo unos miles de grados, de modo que ya encontramos núcleos e incluso átomos, pero no son estables las moléculas. Las moléculas más grandes y complejas, y más aún los seres vivos, requieren unas condiciones de más baja temperatura, como las que tenemos en la tierra. Pero si la temperatura fuese mucho más baja aún (por ejemplo, cercana al cero absoluto) esas moléculas apenas podrían moverse, y probablemente no sería posible la vida ni cualquier otro proceso medianamente interesante.

Analizando los niveles de complejidad, un concepto clave es el de "propiedad emergente". Ello se refiere a propiedades que no existen en los objetos de un nivel de complejidad pero surgen al agruparse en el nivel superior. De este modo, las posibilidades y comportamiento de un ser vivo no las tienen los órganos, tejidos y células de que está hecho, pero son resultado de ellos. Las células dependen de la variedad de moléculas complejas con que están construidas. Las moléculas tienen unas propiedades y variedad que no tienen los átomos, y que surgen gracias a la combinación de éstos. A la escala más pequeña también los átomos tienen distintas propiedades que las partículas diminutas que los constituyen.

La emergencia de propiedades nuevas al aumentar la complejidad ocurre en todos los ámbitos. Así el carbón no es negro por estar formado de átomos negros, sino por cómo están colocados esos átomos (organizados de otra forma esos mismos átomos forman un diamante transparente). Así también podemos hablar de la dureza de un sólido, pero no de la de un átomo (la dureza es una propiedad emergente determinada por la fuerza con que se unen entre sí sus átomos). También podemos hablar de la potencia de un motor, pero no de la potencia de ninguna de sus piezas. Del mismo modo, podemos hablar de la salud de un ser vivo pero no de la salud de sus vitaminas, aunque su salud dependa de disponer de esas vitaminas. La salud es una propiedad que emerge al llegar al nivel de un organismo vivo. Igualmente, podremos hablar de la economía de una persona pero no de la economía de una de sus piernas, aunque el funcionamiento de sus piernas seguramente afectará a su economía. La economía es, por tanto, un concepto que no emerge hasta que tenemos una sociedad, o al menos un individuo. Un ejemplo muy interesante de propiedades emergentes ocurre con los ordenadores y los cerebros (aunque tengan diseños muy distintos). Las cosas que un ordenador puede hacer dependen de sus componentes, pero no son posibles hasta que no están todos ensamblados. Las sensaciones de miedo o de alegría no tienen sentido para una neurona, es una propiedad emergente de cerebros formados por muchas neuronas, y parece hacer falta al menos un cerebro tan grande como el de un ratón o un pájaro para que sean posibles.

Obviamente la separación entre los distintos niveles de complejidad no siempre es radical, y muchas veces podemos estar a medio camino entre varios de ellos. Por ejemplo, en nuestras tareas cotidianas nos toca a menudo tratar con la administración (una estructura resultante de agruparnos en sociedad), pero tampoco debemos olvidar las partes más pequeñas que nos forman, y cortarnos de vez en cuando las uñas. En otros casos la separación entre los distintos niveles es enorme, como ocurre con los pequeños núcleos atómicos (enormemente indiferentes a lo que pueda ocurrir con los átomos y moléculas de los que forman parte) debido a la enorme diferencia en sus tamaños en la intensidad de las interacciones.

Independientemente del interés de cada cual por átomos o ecosistemas, realmente nuestra vida cotidiana es llevadera gracias a esa organización, a esa separación de cuanto nos rodea en diferentes niveles de complejidad. Gracias a ello, podemos viajar en autobús sin preocuparnos por cómo funciona su motor o por las tareas que está haciendo nuestro páncreas. Gracias a ello, el mecánico se puede ocupar de mantener el motor sin preocuparse de cómo se diseñaron las aleaciones que forman sus piezas. Gracias a ello, los químicos pudieron diseñar esas aleaciones ocupándose de los átomos de metal, sin preocuparse por los núcleos que había dentro de ellos.

De hecho, esa organización de la realidad en diferentes niveles de complejidad ha sido esencial para que podamos entender las cosas, y en particular para que la ciencia haya sido posible. Ello nos permite explicar las propiedades de cualquier sistema analizando sus componentes, y al mismo tiempo nos permite entender su comportamiento por las relaciones con los que le rodean dando lugar al nivel superior. Así, en el caso de los seres vivos, el funcionamiento de cada uno viene determinado por el de sus órganos (su nivel de complejidad inferior) y por sus relaciones con el resto de criaturas que le rodean (formando su ecosistema o nivel superior).

La mayoría estamos de acuerdo con Einstein cuando se sorprendía de que podamos comprender el universo, con unos pequeños cerebros que se han formado dentro de él mismo. Desde luego una de las claves para ello es que el universo manifieste su inmensa complejidad dosificada, en esos niveles que podemos considerar por separado. Un universo completamente "revuelto", donde el movimiento de cada átomo fuese decisivo para cada cosa que ocurriese, habría sido radicalmente distinto... no ya porque probablemente nos hubiese resultado inabarcable semejante complejidad, sino porque probablemente ni siquiera habría permitido la aparición en él de sistemas tan ordenados como los seres vivos. En definitiva, el universo tal vez podría haber sido menos ordenado, pero seguramente entonces no habría surgido en él nadie para darse cuenta de ello.

¿INFLUYE LA LUNA EN LOS NACIMIENTOS?
Cómo busca la ciencia la fiabilidad de sus conclusiones

Es frecuente oír que los resultados científicos son infalibles, que en ellos no cabe la opinión sino la certeza. Pero luego se oye que tal o cual teoría científica era falsa y se ha tenido que cambiar. ¿En qué quedamos? A falta de un entendimiento más profundo (y los medios de comunicación no suelen ocuparse de ello) la opinión pública percibe simplemente confusión y desconfianza.

Lo primero que cualquier investigador admite es que nada es infalible, y que no pretende tener la verdad absoluta. Pero igual que admitimos eso, sabemos que nuestro trabajo consiste en averiguar cosas con la mayor fiabilidad posible, y en no escatimar esfuerzos por asegurar y comprobar una y otra vez cada resultado antes de fiarnos de él.

Por ese motivo prácticamente nunca ha ocurrido que una nueva teoría haya desmentido a la anterior, y lo habitual es que la reemplace para mejorarla. La ciencia avanza porque los nuevos descubrimientos prácticamente nunca contradicen a los anteriores, sino que añaden nuevos conocimientos. Lo que sí es cierto es que cualquier noticia atrae más lectores con un titular "*cataclismo en la ciencia, desmentido todo cuanto se sabía*" que con un "*mejorada un poco tal teoría*".

La confianza que tenemos en nuestros resultados hace que normalmente los defendamos con vehemencia ante quienes no son científicos. A veces ello puede dar la impresión de ser dogmáticos y no aceptar la crítica. Es simplemente que nos fiamos más de las cosas que hemos comprobado cuidadosamente una y otra vez, que de las dudas gratuitas de quien simplemente habla por hablar.

Por poner un ejemplo, si alguien me viene a decir que la teoría de Einstein debe estar equivocada porque no le gusta que el tiempo sea relativo, seguramente le prestaré poca atención, consciente de lo bien comprobada que la tenemos. Si por el contrario es otro científico el que la pone en duda, probablemente escuche muy atentamente sus argumentos: un científico no pondría en duda una teoría a no ser que la conozca bien y haya encontrado buenos indicios de tener un problema o de cómo mejorarla.

Vamos a ilustrar con un pequeño ejemplo cómo procuramos asegurarnos de cualquier resultado antes de hacer una "afirmación científica". Veamos cómo estudiar una creencia popular que afirma que la fase lunar influye en los nacimientos. En concreto es frecuente oír en un hospital… "esta noche hay luna llena, tendremos muchísimos partos".

Para salir de dudas, probablemente quedaría muy vistoso hacer un reportaje entrevistando al personal de maternidad en unos cuantos hospitales, pero desde luego no estamos pensando en eso. Para un estudio objetivo, mejor acercarse a esos hospitales a pedirles el número de niños nacidos cada día durante el último año.

Buscando en Internet, hemos encontrado un cuidadoso trabajo en que han hecho precisamente eso, obteniendo datos de 492 partos[1]. A continuación han calculado en qué día de su periodo se encontraba la luna en cada fecha. Finalmente, representando el número de partos ocurridos en función de la fase lunar en que ocurrieron, obtienen la gráfica de la figura.

---

1 http://www.ciencias.uma.es/publicaciones/encuentros/ENCUENTROS68/partos.htm En caso de que ese enlace dejase de estar mantenido, es fácil encontrar en Internet otros estudios similares. Por ejemplo https://www.astrosafor.net/Huygens/2003/42/Luna.htm, o algunos de los indicados al final.

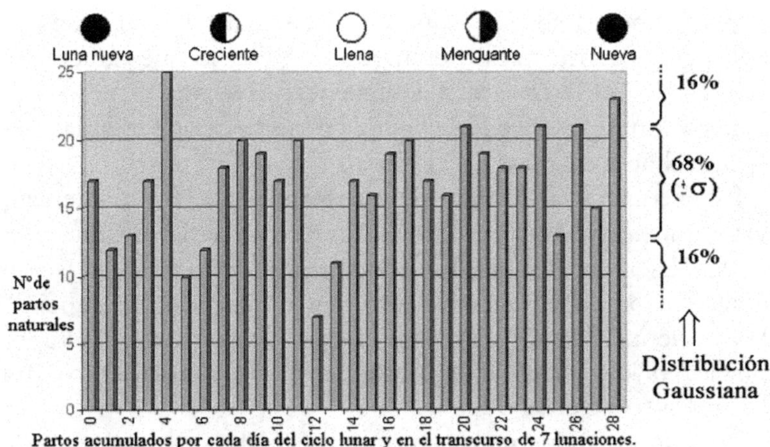

Partos acumulados por cada día del ciclo lunar y en el transcurso de 7 lunaciones. Del 6 de marzo (nueva) al 26 de septiembre del 2000 (Total de partos 492)

Fuente: Maternidad de los Hospitales Exeter y York en New Hampshire (EEUU). Gráfica de Ramón Muñoz Chápuli, Catedrático de Biología Animal en la Universidad de Málaga

Lo primero que salta a la vista es que el día de luna llena (y los dos o tres próximos) no destaca por número de nacimientos, lo cual directamente parece descartar aquella afirmación. El resto de días del ciclo lunar, el número fluctúa sin regularidad aparente. A la vista de ello, el autor concluye que no se aprecia ninguna relación entre el estado de la luna y el número de nacimientos.

Desde luego esta es la primera parte de una afirmación científica, observar y basarse en datos, no en suposiciones. ¡Pero esto no es suficiente! Si se deja así la cuestión, resulta que después de un montón de trabajo seguimos en el campo de lo opinable. Alguien podría llegar ahora y "opinar" que "claramente" los datos muestran una tendencia de los nacimientos a evitar los días 12 del periodo lunar (justo un poco antes de creciente) y a nacer más los días 4 (algo después de nueva). ¿Y qué hubiese pasado si ese máximo de nacimientos no hubiese sido el día 4º sino justo el 12º de luna llena? ¿Hubiésemos dicho que eso confirmaba la creencia popular, o podría ser una simple casualidad? Sin quitar mérito al estudio que estamos citando, la verdad es que se puede sacar más partido aún a esos números.

El valor de los razonamientos científicos está precisamente en su capacidad de predecir y poner a prueba las explicaciones. Eso es lo que en el lenguaje de la ciencia se denomina "contrastación de hipótesis", y es lo que caracteriza el método de la ciencia: La secuencia observar + proponer explicaciones + predecir qué consecuencias tendrían + comprobar si estamos en lo cierto.

Ello requiere un cambio de planteamiento. Para comenzar, vamos a poner "en cuarentena" nuestra querida explicación de lo observado (el que los nacimientos ocurran sin relación con el ciclo lunar), y a considerarlo una "hipótesis de trabajo". Los científicos denominamos así a las suposiciones provisionales, y llamamos "falsación" al procedimiento para aclarar si son ciertas o falsas.

Lo que pretendemos es poner a prueba la capacidad de nuestra hipótesis para hacer predicciones, y para explicar lo observado. Para ello nos planteamos la siguiente cuestión: ¿Qué cabría esperar si nuestra hipótesis fuese cierta? Básicamente queremos saber si las fluctuaciones observadas en la gráfica pueden ser casualidad o son tan grandes que debe haber algún motivo detrás de ellas.

Responder a esa pregunta requiere algo de pericia matemática, y en investigación se dispone de abundantes técnicas para ello. Aunque no es este lugar para entrar en tales detalles, sí creo interesante aprovechar para mostrar una versión sencilla y de paso contar algo sobre estadística.

En estadística se utilizan las llamadas "medidas de centralización", que describen en torno a qué valores se encuentran los datos. La más conocida de ellas es la "media" o "valor promedio". Pero también se utilizan "medidas de dispersión", que describen cómo de uniformes o dispersos son los datos. Una de las más utilizadas para esto es la llamada "desviación típica", que suele representarse por σ.

Por ilustrarlo con un ejemplo muy simple, supongamos que entre dos personas nos hemos comido dos pasteles, de modo que "en promedio" hemos tocado a un pastel cada uno. Esa es la "medida de centralización". Ahora bien, no es lo mismo que realmente cada uno se haya comido un pastel, o que yo me haya comido los dos… Aun siendo la misma media, en un caso el reparto es muy uniforme y en el otro no, y la "desviación típica" σ es una medida de esa uniformidad o falta de uniformidad. Su cálculo puede ser algo lioso, pero la idea es muy simple, medir cuánto se apartan del promedio los valores reales. En caso de habernos comido un pastel cada uno, la diferencia entre los pasteles realmente comidos y el promedio es cero. En el otro caso, si yo me he comido los dos eso ha sido uno más que la media mientras que mi compañero se ha comido uno menos que la media, de modo que en promedio ambos valores difieren de la media en uno. Así en ambos casos la media es la misma ($m=1$) pero en un caso la desviación típica es $\sigma=0$ (reparto perfecto) y en otro caso es $\sigma=1$. Desde luego es útil la "medida de centralización" (decir que en promedio nos ha tocado un pastel) pero añade mucha información la "medida de dispersión", y decir que nos hemos comido 1 ± 1 pasteles.

Volviendo al tema de los nacimientos, nuestra cuestión era cómo cabría esperar que estuviesen repartidos si sólo ocurriesen al azar, sin relación con la fase lunar. El promedio sería muy fácil de calcular: 492 casos repartidos entre los 29 días del ciclo lunar son una media de 492/29=17.0 nacimientos cada día. Pero precisamente si ocurren al azar su reparto deberá ser desigual, ya que ninguno de ellos tendrá relación con los otros, y simplemente la probabilidad de nacer cualquier día del ciclo será 1/29. Un reparto al azar de ese tipo es lo que en matemáticas se denomina "distribución Binomial" o "de Bernoully", por haber sido estudiada por el matemático Jakob Bernoulli (1654-1705) hace casi 400 años. Bernoully mostró que, para ese tipo de repartos al azar, la desviación típica es $\sigma=\sqrt{m(1-p)}$ (donde m es la media y p la probabilidad del suceso). En nuestro caso eso simplemente significa $\sigma=\sqrt{17(1-1/19)}=4.0$. Es decir, por puro azar, cabría esperar que en nuestra muestra el número diario fluctúe en promedio 4 por encima y por debajo de la media.

Desde luego eso es ya muy esclarecedor, pero realmente podemos afinar aún más. Como no quiero aburrir al lector con más matemáticas, simplemente indicaré los resultados, basados en lo que se denomina una "aproximación gaussiana de la distribución binomial", y según la cual debe ocurrir:

- El 68% de los casos deben estar entre más y menos una desviación típica.
  En nuestro ejemplo eso significa que unos 20 días haya entre 17-4 y 17+4 nacimientos, es decir, entre 13 y 21.
- El 32% de los casos deben apartarse de la media más de una desviación típica, la mitad por exceso y la otra mitad por defecto.
  En nuestro ejemplo eso significa que unos 4 o 5 días deberían tener más de 21 nacimientos, y otros tantos menos de 13.

Ahora es el momento de volver a la gráfica, y comprobar si está de acuerdo con las predicciones basadas en nuestra hipótesis. **Efectivamente esto es lo que se encuentra**. A la derecha de la gráfica, he indicado qué franjas caen dentro y fuera de "más menos una desviación típica" ($\pm\sigma$). Ahora sí podemos afirmar que "los resultados son los que cabría esperar sin ninguna relación con el periodo lunar". Se ha confirmado la hipótesis (una hipótesis muy bien confirmada se llama "teoría").

Aún aquí, la ciencia no es dogmática: no se niega que haya relación entre nacimientos y fase lunar, sólo se indica que los resultados se pueden justificar perfectamente sin suponer tal relación. Queda abierta la puerta a que tal relación exista, pero si alguien defiende esa postura deberá ser capaz de hacer lo mismo que hemos visto aquí: demostrar que su teoría de la "influencia lunar" explica mejor que la nuestra los datos observados. ¡No basta con afirmar que "puede haber" influencia!, se debe ser capaz de calcular cual sería su efecto y compararlo con las observaciones. Si eso se hace bien, cualquier científico lo aceptará encantado.

De hecho, sí que hay estudios que parecen indicar otras relaciones con las fechas, como por ejemplo evitando festivos y fines de semana. Ello parece ser debido al gran número de partos programados o inducidos, en los que sí que interviene la planificación de los centros sanitarios. Para quien tenga curiosidad, le recomendaría un vistazo a los siguientes ejemplos de estudios extensos sobre este tema.

Caton, D.B. & Wheatley, P. M., "Nativity and the moon: Do birthrates depend on the phase of the Moon?" I.A.P.P.P. Communications No. 74, page 50-54, Spring 1999.

Mirás Calvo, D., Mirás Calvo, M. A., Sánchez Rodríguez, B., Sánchez Rodríguez E., "Influencia de las fases de la Luna en los nacimientos: hechos y creencias". VI Congreso Galego de Estatística e Investigación Operacións. Vigo, 5-7 de Novembro de 2003.

Saínz Puente, M. S., "Influencia de las fases lunares en el inicio de los partos espontáneos". Matronas Prof. 2009; 10(2): 20-24.

http://www.monografias.com/trabajos42/luna-y-partos/luna-y- partos3.shtml

http://www.uclm.es/ab/enfermeria/revista/numero%2014/influencia_lunar_y_barom%E9trica_s.htm

¿QUÉ ES LA FÍSICA CUÁNTICA?

A principios del siglo[1] 20, estudiando las partículas más diminutas conocidas, se observaron en ellas comportamientos que desafían nuestro sentido común. Ello sería anecdótico, de no ser porque todo (y todos) estamos hechos de ellas. Tras su perplejidad inicial, los físicos descubrieron sus "reglas de juego" que denominaron "Mecánica Cuántica", y en ella se basa buena parte de nuestra tecnología actual.

Según ella toda partícula lleva asociada una probabilidad que se propaga y comporta como una onda, que le es inseparable, que determina dónde puede aparecer, y qué es cuanto podemos saber sobre la partícula. Si nada puede saberse sobre ellas aparte de su onda de probabilidad, la teoría invita a dejar de imaginarlas, a dejar de pensar en ellas como diminutos puntos en movimiento, a aceptar que puedan estar en más de un lugar a la vez, y a aceptar que su comportamiento dependa de lo que sepamos de ellas. En esta teoría el presente no determina el futuro, y para los posibles sucesos no existen causas, sólo probabilidades.

El desarrollo de la teoría permitió entender multitud de fenómenos hasta entonces sin explicación. Se denominó "cuántica" por explicar la emisión y absorción de energía en forma de "cuantos" (paquetes), y para distinguirla de su

---

1 Ver el penúltimo capítulo sobre la numeración latina para los siglos.

antecesora que desde entonces se llamó "Clásica". La Mecánica Clásica explica el comportamiento de todos los objetos cotidianos, y es la base de nuestra intuición sobre ellos, pero falla para objetos de tamaño atómico o menor. Para ellos rige la Mecánica Cuántica. Su descubrimiento fue contemporáneo a la Relatividad de Einstein, pero requirió el trabajo de muchos investigadores (Dirac, Heisenberg, Planck, Feynman, De Broglie, Pauli, Oppenheimer, Roentgen, Einstein, Bohr, Schrödinger, ...) Al igual que la Relatividad, mostró características de nuestro universo antes insospechadas. Su aplicación requiere matemáticas bastante avanzadas, lo que dificulta su divulgación. Por ello, a pesar de contener aspectos quizá más sorprendentes que la Relatividad, es mucho menos conocida fuera del ámbito científico y tecnológico. Entre las peculiaridades que le han proporcionado cierta difusión pública podríamos destacar las siguientes, que iremos desgranando en esta exposición:

Los efectos de entrelazamiento ("entaglement")

En algunas situaciones, objetos completamente separados y aislados pueden seguir correlacionados, de modo que lo que ocurra con uno de ellos puede afectar al otro de forma instantánea, incluso sin posibilidad de mediar comunicación entre ambos. Estos efectos permitirían fantásticas aplicaciones a la seguridad y el secreto de las comunicaciones.

El indeterminismo

El azar resulta ser un elemento esencial de la naturaleza a escala microscópica. Para muchos fenómenos a esa escala no existe "un motivo" para ocurrir de una u otra forma, sólo existe "una probabilidad". En Mecánica Cuántica las probabilidades incluso se propagan en forma de ondas.

La deslocalización

Ello se refiere tanto a las posiciones como a otras características. Suponen la sorprendente posibilidad de que una partícula pudiese encontrarse en más de un lugar al mismo tiempo, o que un sistema se encontrase en muchos estados a la vez. Ello tendría enormes posibilidades para desarrollar ordenadores cuánticos, capaces de tareas intratables con los actualmente existentes.

La mera observación afecta a los sistemas microscópicos.
Mientras que el estado de los sistemas cotidianos no depende de lo que nosotros sepamos de ellos, para los sistemas cuánticos su mera observación, (¡o incluso el sólo hecho de tener información sobre ellos!) podría afectar a su comportamiento.

La teoría se ha comprobado en multitud de situaciones, y algunas de sus características más sorprendentes se siguen poniendo a prueba en los mejores laboratorios. Los más precisos experimentos jamás han detectado el más mínimo fallo en sus predicciones. Los físicos consideramos que la Mecánica Cuántica es una ley tan universal como pueda serlo la de la Gravedad, por lo que debería ser aplicable en todo tipo de situaciones, con algunas consecuencias tan sorprendentes como las antes descritas. Desde luego, hay que distinguir claramente entre la teoría científica, con (sus características bien comprobadas); y su visión esotérica (conjeturas o suposiciones sobre su aplicación a otros ámbitos). No entraré a valorar aquí esto segundo, pero espero servir de orientación a quien tenga sus dudas sobre dónde acaban los hechos y dónde comienzan las suposiciones.

En lo que sigue, intentaremos explicar algunas características de la teoría cuántica y del significado de la dualidad onda-partícula. Revisaremos luego algunos de los más interesantes experimentos, como el de "la doble rendija", el del "Gato de Schrödinger", y el famoso EPR. Las peculiaridades de la Mecánica Cuántica se aprecian mejor contrastándolas con su predecesora Clásica, por lo que será mejor comenzar por explicar a qué denominamos los físicos "Mecánica" y de qué trata la "Clásica".

Por cierto, los físicos denominamos "mecánica" a una parte de nuestra disciplina que describiremos a continuación. Aunque habitualmente se usen indistintamente "mecánica cuántica" o "física cuántica", en rigor la segunda es más amplia porque abarca fenómenos que se comportan cuánticamente aunque no sean "mecánicos". Veamos en concreto qué entendemos los físicos por "mecánica".

A qué llaman los físicos "Mecánica", y a cuál es la "Clásica"

Probablemente la primera imagen que evoca la palabra "mecánica" sea la de un coche. No estoy seguro de que esa sea la máquina más extendida (hay otras como grapadoras, tijeras, etc. también muy frecuentes), pero sí es una máquina suficientemente compleja como para que necesitemos de "mecánicos", es decir, de especialistas en su mantenimiento.

Para un físico la palabra "mecánica" tiene un significado más amplio, pues no sólo se ocupa de cómo se mueven e interactúan los mecanismos de cualquier máquina, sino de cómo se mueve cualquier cosa existente, y cómo interactúa con el resto de las que le rodean. Este "cualquier cosa" incluye por supuesto palancas y engranajes, pero también hormigas, cúpulas góticas, planetas, átomos, mareas, cuerdas de violín, nubes, ondas de radio, … vaya, cualquier cualquier cosa.

Planteado así el tema parece inabarcable, y lo sería si quisiéramos ocuparnos de todos los detalles. No obstante, la principal preocupación para los físicos es la de entender bien los principios básicos, sus consecuencias son ya objeto del ingeniero, el meteorólogo, el astrónomo, …

Por suerte, para todos los objetos cotidianos, los principios básicos son bastante simples. Esto ya empezó a intuirlo Galileo, y fue Newton, quien fue capaz de resumirlos en tan solo tres leyes: la de inercia, la de acción y reacción, y la de aceleración. Con sólo ellas (y la teoría gravitacional) se puede explicar desde el movimiento de los planetas y las mareas, hasta el de una peonza o el mecanismo de un reloj. Básicamente ese es el objetivo de la llamada Mecánica Clásica.

Uno de los aspectos más impresionantes de estas leyes es su universalidad, y un buen ejemplo para mostrarlo es el choque de partículas. En física es habitual llamar partícula a cualquier objeto con tal que su tamaño sea pequeño o irrelevante para la situación que nos ocupe. Así podemos considerar partículas las motas de polvo, pero también las bolas de billar o las estrellas, según qué detalles estemos estudiando de ellas. Según la Mecánica Clásica, las leyes que rigen el choque de dos partículas son las mismas, tanto si se trata de bolas de billar, como si se trata cosas muchísimo más pequeñas que una mota de polvo (como átomos), o cosas muchísimo mayores que una estrella (como galaxias). Las ilustraciones de la página siguiente muestran esa impresionante universalidad, con objetos tremendamente diferentes comportándose exactamente del mismo modo.

El descubrimiento de las leyes que rigen estos procesos y de su universalidad, tuvo lugar a lo largo de los siglos 17 y 18, y fue uno de los principales hitos del conocimiento científico (y en cierto sentido uno de sus puntos de partida).

Una de las principales características de estas leyes es su determinismo: conocidos todos los detalles de la situación inicial, permiten calcular cada movimiento del sistema y con ello cual será su situación futura; es decir, que en este ámbito el pasado determina el futuro. Desde su descubrimiento, el poder predecir con enorme precisión y antelación el movimiento de los astros, fue una de las mayores muestras de lo podían lograr combinados el cálculo matemático y el conocimiento de las leyes naturales. Conscientes de estos logros, los físicos no sospecharon, hasta principios del siglo 20, que el comportamiento de objetos aún más pequeños que los átomos sería radicalmente diferente.

Universalidad de las leyes físicas.
¿Se comportan de distinta forma objetos grandes y pequeños?

Así se comportan en un choque algunos objetos tremendamente dispares. En todos los casos uno de ellos estaba en reposo, y el otro llegó por la izquierda. El "choque" es un proceso complejo, breve y de muy distinta naturaleza en cada caso; pero en todos ellos las leyes físicas de conservación de energía y movimiento determinan la misma relación entre sus direcciones de salida.

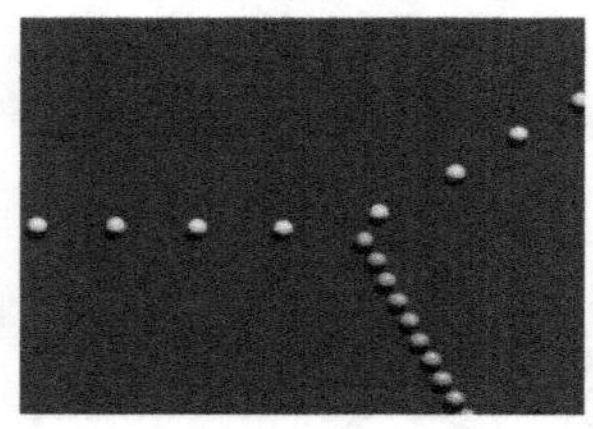

Dos bolas de billar. *La secuencia de instantáneas muestra la bola clara impactando de forma rasante con la oscura que estaba parada. La primera se desvía algo hacia arriba sin apenas cambiar su velocidad, y la oscura adquiere una pequeña velocidad hacia abajo. (Las imágenes están separadas 0.2 segundos, permitiendo apreciar las respectivas velocidades).*

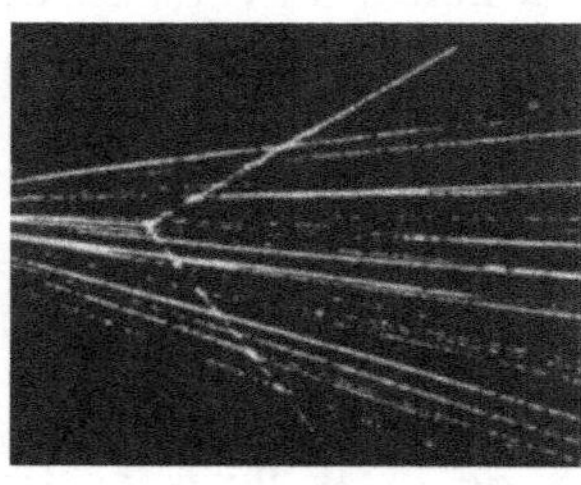

Dos "partículas alfa" *(núcleos de Helio). En este caso la interacción entre ellas es eléctrica (se repelen por tener la misma carga positiva). Vemos sus trayectorias como trazas blancas de ionización a su paso por una cámara de burbujas. Se trata de partículas* $15 \cdot 10^{24}$ = *15000000000000000000000000 veces más ligeras que las bolas de billar, y 100 000 veces más pequeños que un átomo.*

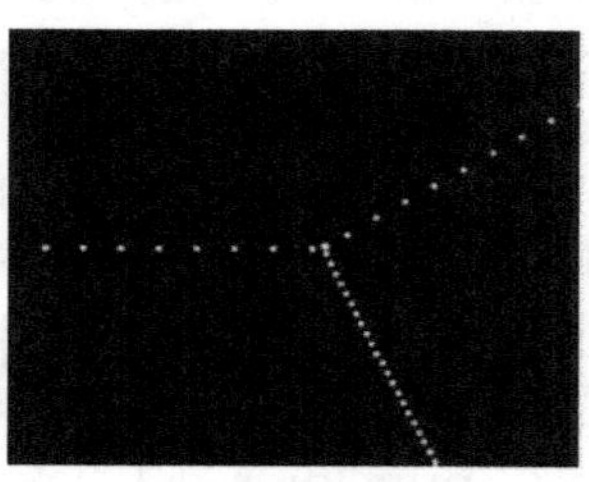

Dos estrellas próximas. *Se muestra una simulación por ordenador para dos estrellas del tamaño de nuestro sol. Interaccionan por sus fuerzas de gravedad, sin llegar a tocarse (en el punto de más proximidad están separadas 150 millones de km, la distancia de la tierra al sol). La incidente viajaba a una velocidad de 57 km cada segundo. Las instantáneas son similares al caso de las bolas de billar, pero separadas 15 meses. Los soles son objetos* $2 \cdot 10^{31}$=*20000000000000000000000000000000 veces más pesados que las bolas de billar. De haber llegado a "tocarse" probablemente hubiesen quedado unidos, o dispersados varios trozos, dependiendo de la violencia del choque.*

Curiosamente, la mezcla de viejos mitos y supersticiones sobre el comportamiento de los astros y sus imaginarias influencias en nuestras vidas, no desapareció con el descubrimiento científico de sus verdaderos mecanismos. Eso sí, a partir de entonces fue muy clara la diferencia entre la astronomía (ocupada del estudio científico del universo), y la astrología (sin más base que las antiguas creencias). Sorprendentemente, el que la astrología carezca de cualquier evidencia o fundamento racional, no impide que siga siendo practicada por todo tipo de adivinos, ni que muchas personas consideren el horóscopo parte esencial de su revista favorita.

Ondas en física

Son muchos los fenómenos que se propagan en forma de ondas. Todos ellos tienen en común efectos característicos de difracción e interferencias que comentaremos, aunque las ondas puedan ser de muy distinta naturaleza. En cada caso su comportamiento detallado viene descrito por alguna ecuación que depende del tipo de perturbación de que se trate.

La mayoría de ondas que se propagan por la materia son de tipo elástico, como el sonido, los terremotos o la vibración de una cuerda tensa. También se comportan de modo parecido las olas y ondulaciones en la superficie de un líquido. En todos esos casos siguen una ecuación de ondas bastante similar, que en última instancia está también basada en las leyes de Newton, puesto que se trata del movimiento de materia.

A mediados del siglo 19 Maxwell mostró la existencia de otro tipo de ondas que se propagan en el vacío, sin necesidad de materia. Maxwell descubrió que todos los fenómenos hasta entonces conocidos sobre electricidad e imanes, estaban estrechamente relacionados entre sí, y podían describirse completamente con un pequeño conjunto de fórmulas. Hoy las denominamos Ecuaciones de Maxwell. Esas ecuaciones determinan cómo esos campos eléctricos y magnéticos se generan y propagan en forma de ondas (y eso son la luz, las ondas de radio, los rayos X, etc.)[1] Este descubrimiento supuso un hito similar al de Newton para la mecánica, pues a ello debemos buena parte de nuestra tecnología de la electricidad, de la electrónica, de las telecomunicaciones, y de los avances en óptica.

Un tercer tipo de ondas es el que, según la mecánica cuántica, acompaña a toda partícula de forma inseparable. Dichas ondas se comportan según especifica una ecuación llamada de Schrödinger, y su valor en cada punto nos da la probabilidad de encontrar allí a la partícula. Estas ondas de probabilidad serán las que nos interesen aquí.

Aprender a tratar los distintos tipos de ondas y sus ecuaciones, supone a cada estudiante de física cursar algunas asignaturas de métodos matemáticos ¡cosa que no pretenderemos aquí! Para nuestros propósitos, bastará con algunas nociones sobre cómo se comporta cualquier onda. Y para ello nada mejor que fijarnos en las más familiares de todas, las que cualquiera habremos visto alguna vez sobre la superficie del agua.

Uno de los comportamientos típicos de las ondas es la denominada "Difracción". Ésta provoca que las ondas se dispersen en el borde de los obstáculos, o al pasar por rendijas. Su comportamiento puede interpretarse de forma bastante intuitiva según el "principio de Huygens", según el cual cada punto de una ondulación puede considerarse una nueva fuente de ondas, y la suma de todas sus contribuciones es la que genera la siguiente onda completa. Las siguientes figuras ilustran ese tipo de comportamiento.

---

[1] En física, este tipo de fenómenos donde no interviene el movimiento de la materia no se consideran parte de la "mecánica". Así la descripción cuántica de la luz se denomina "óptica cuántica", no "mecánica cuántica". En cualquier caso es correcto denominar a todos ellos "física cuántica".

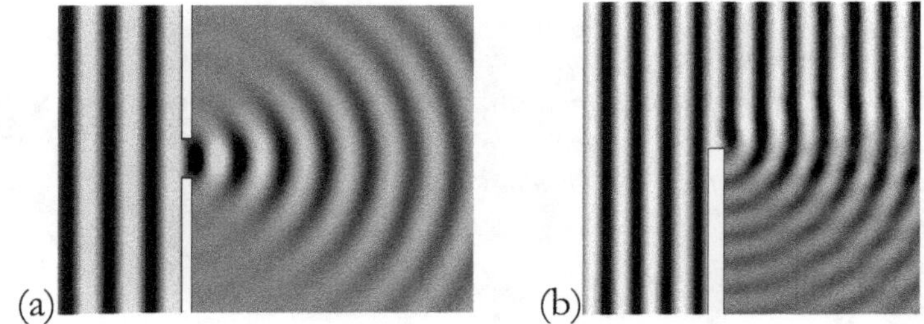

Efectos característicos de difracción para un frente de ondas que se propaga hacia la derecha… (a) Atravesando una pequeña abertura o rendija. (b) "Rodeando" un obstáculo encontrado en su camino (marca en blanco).

Probablemente lo más peculiar de los procesos ondulatorios sea la formación de interferencias al superponerlos. Un modo muy claro de ilustrarlo es mediante la superposición de dos ondas circulares generadas en puntos próximos, o por la difracción de una onda al atravesar dos rendijas próximas.

Cada onda tiene zonas positivas y negativas (crestas y valles). Por ello, al superponer dos ondas, en algunos puntos se suman sus efectos reforzándose, y en otros se restan contrarrestándose. La consecuencia es que "sumar" dos ondas, genera zonas alternadas donde la señal es más débil o más intensa que cuando sólo está una de ellas. La siguiente figura ilustra esas interferencias.

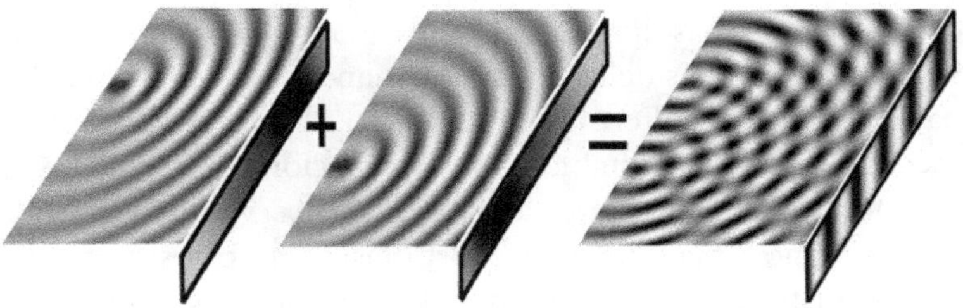

Efectos de interferencia característicos de los fenómenos ondulatorios. Se muestra el aspecto que presenta cada una por separado, y el resultado de combinarlas. En cada imagen la franja de la derecha ilustra la intensidad con que llegarían las señales a una pantalla y la aparición de interferencias al superponer dos ondas circulares idénticas generadas en dos puntos próximos.

Una forma sencilla de realizar el mismo experimento sin necesidad de generar dos ondas circulares idénticas: aprovechar la difracción de una onda plana en un par de rendijas próximas. Puede hacerse con cualquier tipo de ondas (luz, sonido, radio, agua, etc.). La aparición de interferencias es la seña de identidad de un fenómeno ondulatorio.

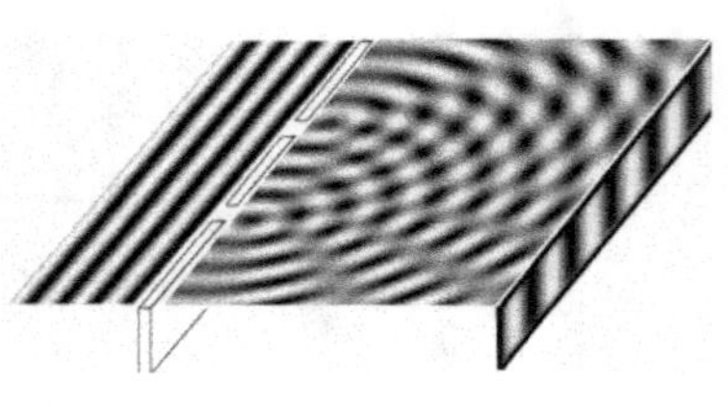

El azar, un protagonista que se propaga como una onda en la nueva física.

Las descripciones clásica y cuántica de las partículas más pequeñas difieren en muchos aspectos, como iremos describiendo. Una de las diferencias más importantes será el papel que juega el azar dentro de cada teoría. Pero comencemos por comparar la forma en que ambas teorías describen la realidad.

La mecánica clásica se ocupa de objetos grandes, que pueden observarse sin apenas perturbarlos (por ejemplo mirándolos). Por ese motivo, podemos considerar que su comportamiento es independiente de que los estemos mirando o no. Por el contrario, la mecánica cuántica se ocupa de los objetos más diminutos que existen, y para ellos, incluso la observación más delicada (simplemente el encender una luz para verlos) los altera por completo. Por ese motivo, la mecánica cuántica establece una distinción radical entre el comportamiento de los objetos cuando los vemos y cuando no los vemos; fijando "leyes" distintas en ambas situaciones. Dicha distinción suele enunciarse con los siguientes dos principios o postulados:

1. *Un sistema aislado de toda perturbación, se describe por una onda de probabilidad, que evoluciona según la ecuación de Schrödinger.*

Esa onda de probabilidad se denomina "función de onda", y resulta perfectamente predecible: una expresión matemática (la ecuación de Schrödinger) permite calcular con todo detalle cómo se propaga y extiende ocupando todo el espacio accesible. Nótese que en esta situación el sistema "es su onda y nada más", y es preferible incluso dejar de imaginar las partículas como tales. ¡Incluso el mero hecho de suponer que las partículas estarán en algún lugar o seguirán alguna trayectoria, puede llevar a conclusiones erróneas!

2. *Al interaccionar con el exterior (para su observación o medida), el sistema evoluciona de modo impredecible hacia uno de los posibles estados finales, con las probabilidades que marque su función de ondas.*

Es decir, en el momento de interaccionar con una partícula para observarla, se manifestará como tal, y debemos olvidar ya su función de onda. Este proceso repentino, en que el sistema deja de ser una onda extendida por todas partes y pasa a ser una partícula localizada en algún punto, se suele denominar "colapso". En estos casos, en qué posición o estado aparecerá la partícula es completamente impredecible, pero con qué probabilidad lo hará en cada punto es perfectamente calculable (usando su función de ondas).

Aunque ni para los creadores de la teoría (ni aún hoy para nosotros) estuviese claro el motivo por el que la naturaleza se comporta así, desde luego sí tuvieron claro que así es como lo hace, y por ello esos dos "postulados" se tomaron como leyes físicas fundamentales.

De este modo, en mecánica cuántica perdemos la pista de cualquier partícula cuántica salvo en el momento de detectarla, y lo único que conocemos de ella antes es su función de onda. Nótese que la función de ondas nos da la probabilidad de cada resultado, pero cuál de ellos ocurra es completamente imprevisible, se decide en el momento de la observación. Se trata por tanto de una teoría esencialmente indeterminista, donde el presente no determina el futuro y los posibles sucesos no tienen una causa, sólo una probabilidad.

Ante la imposibilidad de predecir dónde aparecerá una partícula, o qué resultado dará una medida, podría pensarse que la mecánica cuántica sería poco útil, pero desde luego no es así. Aunque nada pueda saber de cada partícula individual, la función de ondas predice con detalle qué porcentaje de ellas encontraré en cada lugar. La situación podría compararse a la información estadística que maneja una compañía de seguros… Nadie puede saber cuándo una persona tendrá un accidente; pero sí pueden calcular perfectamente qué porcentaje de clientes lo tendrán, y con ello cuáles serán exactamente los riesgos y beneficios de la compañía.

Claramente el tratamiento es completamente diferente de la descripción clásica. Para ella una partícula se encuentra en todo momento en alguna posición, y sigue alguna trayectoria obedeciendo las leyes de Newton. Con datos suficientes podremos calcular su movimiento y predecir dónde acabará. Sin datos suficientes no habrá cálculo ni predicción posible, y tendremos que hablar de probabilidades; pero imaginamos siempre a la partícula en alguna posición y siguiendo alguna trayectoria, la conozcamos o no. Por el contrario, para las partículas más pequeñas la mecánica clásica falla y la cuántica sugiere que posiciones y trayectorias probablemente ni siquiera existen, mientras evolucionan libremente.

De este modo el azar tiene un protagonismo muy diferente en ambas teorías. En mecánica clásica su papel es muy modesto, interviniendo sólo cuando el problema es demasiado complicado como para describirlo en detalle o nos falte información[1]. Suponemos siempre que cada resultado

---

[1]Como ejemplo de sistema demasiado complicado puede servir el lanzamiento de un dado, donde necesitaríamos muchísimos detalles sobre su trayectoria inicial y sobre cada mínima rugosidad de la mesa, para poder calcular en detalle cada uno de sus rebotes hasta predecir sobre qué cara se detendrá. Hablamos de azar por desconocer los detalles del movimiento, pero confiamos en que sigue las leyes precisas causa-efecto de la Mecánica Clásica. Del mismo modo, cuando desconocemos bajo cuál de los tres vasos de un trilero se encuentra un guisante, pensamos en probabilidades, pero entendemos que el movimiento del guisante ha seguido también las leyes de Newton.

tiene una causa, aunque a veces la desconozcamos. Se trata de una teoría determinista.

Por el contrario, en mecánica cuántica el azar es un elemento básico: sus predicciones son sólo probabilidades, y cada resultado individual no sigue ninguna relación causa-consecuencia. La teoría asegura que, en cada suceso, no existe nada que pueda predecirse salvo su probabilidad. Se trata de una teoría fundamentalmente indeterminista, en que el futuro no queda "determinado" por el pasado. Como hemos dicho, su utilidad es permitir predicciones estadísticas: saber dónde pueden llegar el 30% de los electrones no me permite saber lo que hará cada uno, pero sí asegurar que allí encontraré 300 000 cuando lance un millón de ellos.

La onda de probabilidad de cada partícula (su "función de onda") depende de su masa, energía y tipo de partícula; así como de las condiciones de contorno, según especifica la llamada "ecuación de Schrödinger"[1]. Se trata de una ecuación diferencial que no es difícil de manejar con algunos conocimientos de matemáticas y un buen ordenador. Ello permite usarla para calcular el comportamiento de átomos, electrones y fotones en multitud de situaciones de interés práctico o tecnológico.

Una de las peculiaridades de esa ecuación de Schrödinger es el incluir una constante universal "$\hbar$" denominada "Constante de Planck", que determina el tamaño de las ondas. El pequeñísimo valor de esta constante hace que esas ondas sean minúsculas. Otra de sus características consiste en que esas ondas son más pequeñas cuanto más pesada es su partícula. Como resultado de ambas características, esas ondas son siempre diminutas; y más aún en cuerpos grandes, donde son ya imposibles de detectar. Por ello, los efectos cuánticos solamente son apreciables para objetos de tamaño similar a los átomos o menores aún. Así, es el pequeñísimo valor de

---

1 $i\hbar\partial_t\Psi(\vec{r},t) = \left[\vec{p}^2 / 2m + V(\vec{r})\right]\Psi(\vec{r},t)$

esa constante de Planck el que determina cómo de pequeña debe ser una partícula para comportarse cuánticamente.[1]

La luz, ondas y partículas. Dualidad.

La asociación antes descrita entre ondas y partículas se manifestó por primera vez al estudiar la luz. El que la luz consistiese en ondas o partículas, fue objeto de discusión en física durante mucho tiempo. La luz comenzó siendo considerada por Newton como chorros de pequeñas partículas. Mas tarde la teoría de Maxwell y multitud de efectos de difracción e interferencia demostraron que se trataba de ondas. Por último, multitud de experimentos mostraron a principios del siglo 20 que la luz se comportaba en ocasiones como partículas; impulsando el descubrimiento de la mecánica cuántica, y obligando a aceptar que se trata de ambas cosas, ondas y partículas.

Como hemos visto, la mecánica cuántica asocia a toda partícula material una onda que describe su propagación. Einstein y Dirac mostraron que lo contrario también es cierto, esto es, que a toda onda le corresponden pequeños paquetes de energía denominados "cuantos". Al interaccionar, las ondas no pueden transferir cualquier cantidad de energía o empuje de forma continua, sino sólo mayor o menor número de esos paquetes de forma "cuantificada". De hecho éste es el origen de la palabra "cuántica". En el caso de las ondas de luz, esos "cuantos" se denominan fotones. En 1923 A. H. Compton descubrió que los fotones pueden comportarse como partículas, hasta el punto de chocar con otras partículas (como los electrones), igual que hemos visto hacerlo a bolas de billar. Nótese que se

---

1 En el apartado en que analizamos lo que es el tiempo, puede verse otra descripción de por qué los efectos cuánticos son importantes para partículas pequeñas pero no para las grandes, y puede verse de nuevo que "grandes" o "pequeñas" debe entenderse "comparadas con la constante de Planck".

trata de paquetes de luz chocando con partículas, es el denominado "choque Compton".

La relación entre las ondas de luz y sus partículas (fotones) viene dada por una ecuación muy sencilla: ***E=hυ***. En ella "*E*" es la energía de cada fotón, "*υ*" la frecuencia de la onda, y "*h*" la constante de Planch que antes hemos comentado. De este modo la energía de cada fotón es proporcional a la frecuencia de su onda, pero no depende de su intensidad. Una onda más intensa llevará más fotones, pero no serán más energéticos. Por el contrario, una onda de doble frecuencia llevará fotones con el doble de energía cada uno. Por ese motivo, radiaciones de muy alta frecuencia (como X o Gamma) son muy peligrosas; dado que llevan asociados fotones de muy alta energía, que pueden fácilmente ionizar o destruir moléculas. Por el contrario, radiaciones de menor frecuencia que la luz (como las señales de radio o las debidas a tendidos eléctricos) llevan asociados fotones que resultan inofensivos, dada su escasa energía. La figura ilustra esa situación.

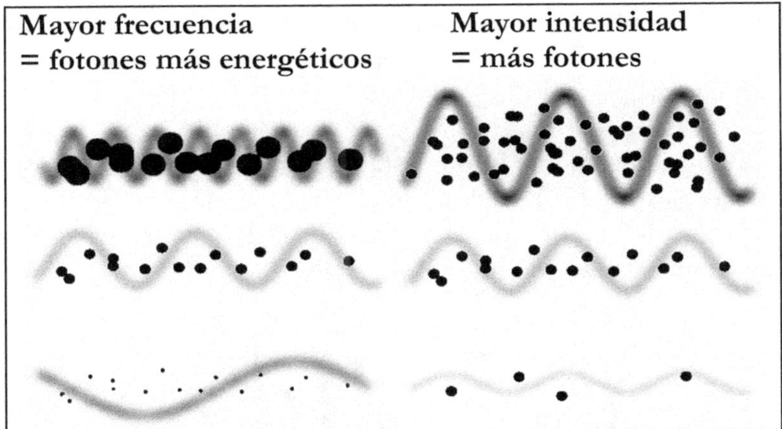

La relación ***E=hυ*** *para la luz, determina la energía de los fotones en función de la frecuencia de las ondas. Éste es el motivo por el que radiaciones de menor frecuencia (como las ondas de radio, o microondas) corresponden a fotones de muy poca energía sin peligro desde el punto de vista biológico. Por el contrario, radiaciones de muy alta frecuencia (como ultravioleta, rayos X, rayos Gamma) se denominan "ionizantes"; y son muy peligrosas desde el punto de vista biológico, al llevar asociados fotones de muy alta energía.*

Merece indicar que la relación $E=h\nu$ para la luz, también se la debemos a Einstein, aunque es mucho menos famosa que su $E=mc^2$ para la materia. Curiosamente la primera le valió un premio Nobel, por su explicación del efecto fotoeléctrico, mientras que la segunda no.

Para entender las consecuencias de esta dualidad onda-partícula, consideremos un sencillo y cotidiano experimento. Todos hemos observado lo que ocurre cando un rayo de luz llega al vidrio de una ventana, parte de la luz se refleja en el vidrio y parte lo atraviesa. Es fácil construir vidrios que reflejen la mitad y transmitan exactamente la otra mitad, se denominan espejos semi-reflectantes.

Considerando la luz como un chorro de partículas (fotones), lo que ocurre en uno de esos espejos es que la mitad de ellos rebotan en el vidrio reflejándose; mientras que la otra mitad se cuelan por las "porosidades" del vidrio, atravesándolo como si no estuviese (siguiente figura a la izquierda).

Considerando la luz como una onda la descripción de lo ocurrido es bien distinta, se trata de que esa onda se desdobla en dos, con la mitad de intensidad cada una; y que ambas se siguen propagando a cada lado del vidrio (figura de la derecha).

¿Qué es realmente lo que está ocurriendo? ¿La descripción de las partículas o la de las ondas? Según la mecánica cuántica las dos a la vez, porque la luz son partículas acompañadas de modo inseparable de sus ondas.

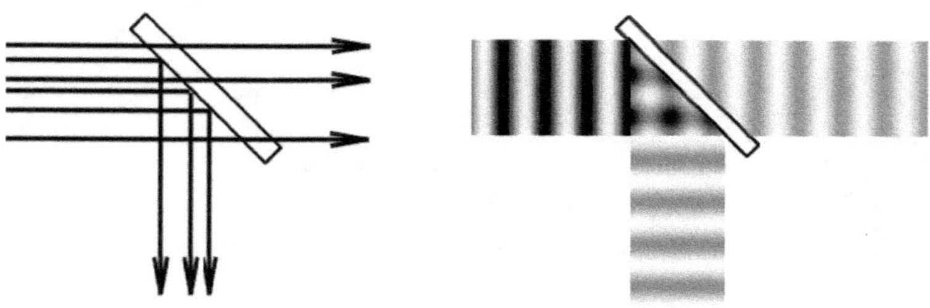

Comportamiento de un espejo semi-reflectante con partículas clásicas y con ondas.

En el caso de luz las ondas son el campo Electro-Magnético descrito por las ecuaciones de Maxwell, y las partículas son los fotones. Si hacemos el experimento con electrones, ellos serían las partículas y las ondas serían las de probabilidad descritas por su ecuación de Schrödinger.

La cuestión más interesante surge al considerar lo que ocurre, no con un haz de muchas partículas, sino con partículas individuales lanzadas una a una. Supongamos que disparamos un único electrón.

Según la Mecánica Cuántica, mientras se mueva libremente (sin observarlo ni detenerlo a la llegada), se debe describir como una onda de probabilidad, propagándose según su ecuación de Schrödinger. Ello supone desdoblarse en el espejo en dos con la mitad de intensidad cada una, y por ello tener la misma probabilidad de aparecer a cada uno de los lados. Ahora bien, ¿qué camino ha seguido realmente? La mecánica cuántica nada dice al respecto. Según ella, todo cuando puede saberse de la partícula es su función de ondas, que está en ambos lados a la vez; y es completamente imprevisible en cuál de ellos aparecería.

Por este motivo muchos físicos opinan que para partículas tan pequeñas ni siquiera tiene sentido imaginar trayectorias. En realidad es una cuestión de ser prácticos… ¿para qué mantener algo que no sirve para nada y sobre lo que nada puede saberse? Según esto, sería preferible imaginarse las partículas como difuminadas por todo el espacio según indica su función de ondas, y materializándose en un punto sólo en el momento de detectarlas. Aunque esto pueda parecer muy radical, veremos en los siguientes experimentos que hay buenos motivos que lo apoyan.

Antes de continuar, aclararemos que el acuerdo es universal entre los especialistas a la hora de aplicar la teoría, pero no sobre la cuestión (irrelevante a efectos prácticos) de qué hace la partícula o cómo imaginarla antes de ser detectada; y de si existe o no su trayectoria. A este respecto las opiniones varían y existen multitud de interpretaciones, como comentaremos más adelante. La denominada "Interpretación de

Copenhague", que puede considerarse la original o "estándar", es la más drástica a la hora de eliminar todo lo que no sea imprescindible en la teoría. Ella propone la descripción que acabamos de dar, con el electrón en parte a un lado y a la vez en parte al otro antes de ser observado; y siendo el acto de observarlo lo que provoca que se decida por una u otra opción, y pase a tener sentido entonces hablar de su "posición".

El experimento de la doble rendija. Interferencias de partículas.

Imaginemos un haz de electrones que se dirigiese hacia una doble rendija y fuese luego detectado por una placa fotográfica detrás de ella. Si los electrones se comportasen como partículas clásicas, destapando una u otra o ambas rendijas, esperaríamos verlos llegar justo en frente de cada rendija, como muestra la siguiente figura.

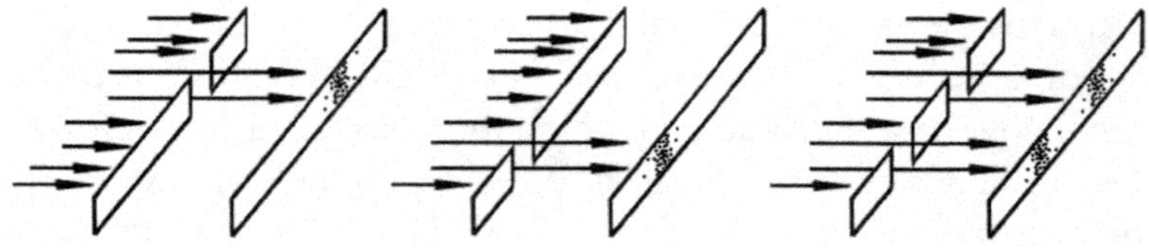

Efectivamente eso es lo que se observa con proyectiles habituales, ¡pero cuando se realiza el mismo experimento con cosas tan pequeñas como átomos o electrones, el resultado es muy diferente!

Según la mecánica cuántica la propagación del haz de electrones debe describirse como una onda que llega a las dos rendijas. En cada una de ellas esa onda se difractará, comportándose como dos nuevas fuentes de ondas circulares. A continuación esas dos ondas circulares interferirán, y la intensidad que se registrará en la placa fotográfica seguirá el típico patrón de interferencias entre dos ondas, como ilustra la siguiente figura. Como sabemos, la intensidad de esta onda corresponde a la probabilidad de encontrar allí los electrones;

de modo que esas franjas con máximos y mínimos de interferencias, corresponden a zonas donde podrán y no podrán llegar los electrones. Aún interfiriendo sus ondas, los electrones son partículas; y como tales dejarán sus pequeñas marcas individuales, que aparecerán agrupadas en las zonas donde sus ondas (incluidas sus interferencias) lo permitan.

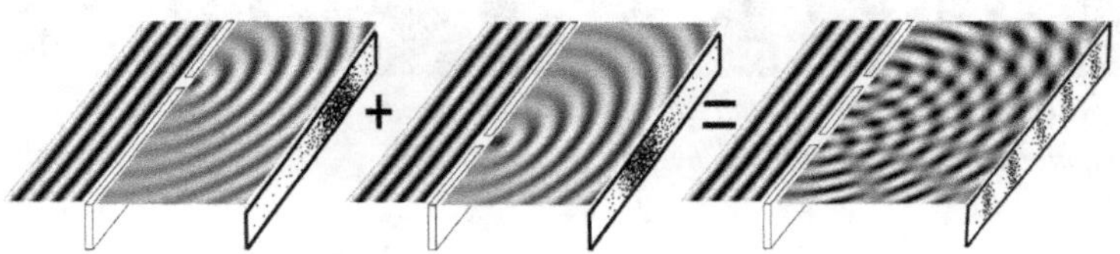

¡Efectivamente eso es lo que se observa al hacer el experimento! Se trata de una acertada predicción de la mecánica cuántica que no puede justificar la teoría clásica.

Cabe destacar lo palpable que es aquí la dualidad onda-partícula. Por una parte, los electrones producen las características interferencias de una propagación como ondas; cosa que la mecánica clásica no puede explicar para partículas. Por otra parte los electrones son partículas, y como tales se detectan en la placa fotográfica, cada uno dejando un puntito marcado a su llegada. Es especialmente llamativo observar cómo se forma la imagen a medida que van llegando los electrones: van apareciendo uno a uno en lugares completamente al azar y, sólo cuando se han registrado ya muchos, se aprecia que se han ido agrupando en esas franjas debidas a las interferencias.

Como ocurría en el experimento anterior, lo más interesante es recordar que estas interferencias no proceden ninguna interacción entre los electrones del haz, sino que las produce cada electrón individual. Cada uno de ellos, mientras se mueve libremente (sin observarlo ni detenerlo), se describe como una **onda** de probabilidad que cruza **ambas rendijas,** que ocupa todo el espacio entre las rendijas y la placa, y que genera interferencias. Pero al llegar a la placa fotográfica, se comporta como una **partícula** marcando en ella un **único punto** luminoso. El lugar donde llegue es completamente imprevisible, y sólo sabemos su probabilidad, que es máxima en esas franjas de interferencia.

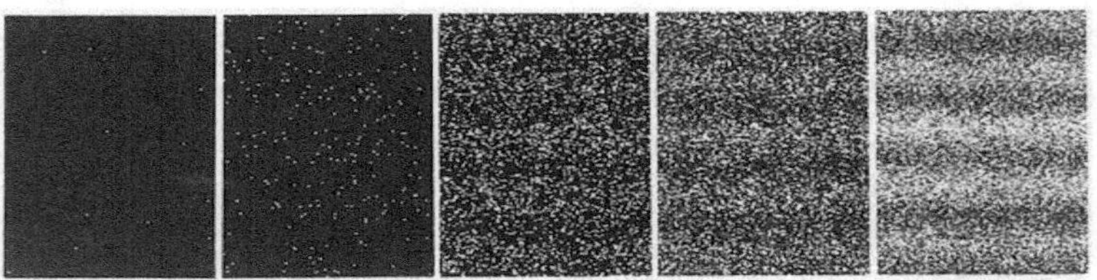

Imágenes del experimento realizado por A. Tonomura y colaboradores. A. Tonomura et al., Am. J. Phys. 57 (1989) 117.

Desde luego está claro que la onda de probabilidad pasó por **ambas** rendijas (si se tapase alguna desaparecerían las interferencias), pero… ¿por cuál de ellas cruzó el electrón? ¡O puede una partícula pasar por dos sitios a la vez! La respuesta "oficial" de la mecánica cuántica, es de nuevo que no hagamos semejantes preguntas, y que no intentemos imaginar al electrón siguiendo trayectorias desde la salida hasta la llegada. El cálculo de sus ondas de probabilidad nos dice cuántos de ellos encontraremos en cada zona de la placa fotográfica. Y para cada electrón lo único que podemos afirmar es que salió y llegó, punto.

Como es probable que uno no se quede satisfecho con semejante respuesta, podríamos introducir un refinamiento en el experimento. Pongamos una pequeña lámpara iluminando el camino, para ver por donde pasan los electrones. El resultado de ese experimento es que, con una luz suficientemente intensa, efectivamente puede "verse" por dónde pasa cada electrón, pero... ¡entonces desaparecen sus ondas y sus interferencias, y se comportan como proyectiles clásicos!

Conscientes de lo delicados que son, parecería natural utilizar una lámpara muy, muy tenue para perturbarlos lo menos posible. Pero esta precaución no servirá de mucho: como la luz se emite en forma de paquetes de energía discretos (fotones), poner una lámpara muy tenue no significa generar fotones más "pequeños" sino generar pocos fotones[1]. De este modo la escasez de fotones hará que algunos electrones pasen sin ser detectados, pero los que sean alcanzados por un fotón serán tan perturbados como si la lámpara fuese intensa. Conscientes de esta limitación los experimentadores han ideado estrategias como la siguiente: para cada electrón que llegue a la placa anotar por qué rendija pasó, o si cruzó la zona iluminada sin ser visto.

Pues bien, el resultado de semejantes experimentos es el siguiente:

- Los electrones que fueron vistos durante su camino (para los cuales sabemos por qué rendija pasaron) ¡no generan interferencias! Muestran el comportamiento que ilustrábamos para proyectiles disparados a dos rendijas. Localizarles como partículas hace que se comporten como tales, con todas sus consecuencias.

- Los electrones que pasaron la zona iluminada sin ser vistos (para los que no sabemos qué rendija cruzaron) ¡siguen generando interferencias! (como si hubiesen pasado por las dos).

En definitiva, averiguar algo de ellas determina su comportamiento. Cuando no las "vemos", imaginarlas como objetos que se siguen "trayectorias" y cruzan por "un" lugar concreto es incompatible con el comportamiento real. No es de extrañar por ello, que la mencionada interpretación estándar renuncie a imaginar trayectorias o incluso niegue su existencia: ni se necesitan en la teoría ni sirven para explicar nada; y el imaginar por dónde ha pasado el electrón sólo sirve para crearnos quebraderos de cabeza. Como se ha indicado antes, según la Interpretación de Copenhague el electrón

---

1 En realidad sí podrían lograrse fotones más "pequeños", simplemente haciendo que lleven menos energía. Por desgracia esa estrategia tampoco sirve, porque tales fotones corresponderían a ondas de más baja frecuencia y por ello de mayor tamaño (longitud de onda). Y si esas ondas de luz son más grandes que la separación entre las rendijas, no servirían para distinguir por cuál de ellas pasó un electrón.

antes de ser detectado es preferible imaginarlo "difuminado" por toda la región que ocupa su onda de probabilidad; es el acto de registrarlo el que le hace "materializarse" como partícula y decidirse por una posición concreta, desapareciendo la probabilidad de estar ya en cualquier otra parte.

Interpretaciones de la Mecánica Cuántica

Como ya se ha comentado, el acuerdo es unánime entre los especialistas al aplicar la teoría, pero no al interpretar lo que está ocurriendo (¡cosa irrelevante a efectos prácticos!).

La denominada "interpretación de Copenhague" suele considerarse la "estándar" en el sentido de que fue la primera, y de que suprime cualquier ingrediente no imprescindible; pero existen numerosas "interpretaciones" alternativas. Comentaremos brevemente sus matices.

En la "interpretación de Copenhague" lo único que existe son partículas o fenómenos que se manifiestan con probabilidades predecibles, pero no hay trayectorias ni detalles adicionales. En esta interpretación, la naturaleza actúa al azar sin mecanismos causa-efecto, y la mecánica cuántica maneja lo único que existe, que son sus probabilidades. En esta interpretación la mecánica cuántica es una teoría "completa", y ninguna podría aportar más detalles porque no existen.

Otra interesante interpretación debida a Einstein es la denominada "ensemble interpretation" o interpretación estadística. Según ésta, la mecánica cuántica sólo sirve para decirnos la probabilidad de que ocurra una u otra cosa en un experimento, pero no se ocupa del resto de sus detalles. Visto así la mecánica cuántica no sería una teoría completa, y una futura teoría podría proporcionarnos esos detalles. En el caso del haz desdoblado por un espejo, el electrón al final estaría a uno u otro lado (no en los dos a la vez); la mecánica cuántica sólo se ocupa de calcular cuántas veces ocurriría una u otra cosa, si repitiésemos muchas veces el experimento con las mismas condiciones de partida. La mecánica cuántica ignoraría los detalles de lo que ocurre en cada uno de ellos, porque no son necesarios para conocer esas probabilidades. En el caso de la doble rendija, esta interpretación nos diría que cada electrón está pasando por una sola de las rendijas, aunque la mecánica cuántica ignore por cuál de ellas.

Una interpretación casi "determinista" de la mecánica cuántica es la denominada "interpretación de Bohm" (por el nombre de su autor). Según ésta, las ondas de probabilidad no sólo nos dicen dónde están las partículas, sino que además guían sus movimientos, al igual que lo hacen las fuerzas eléctricas, magnéticas o gravitatorias. Tanto en el caso del espejo como de la doble rendija, la función de ondas guiaría el movimiento de las partículas haciendo que sigan trayectorias bastante complejas (pero calculables y predecibles); acabando distribuidos según indican las respectivas probabilidades. Bohm describió cómo calcular esas trayectorias y el "potencial cuántico" que las causaría.

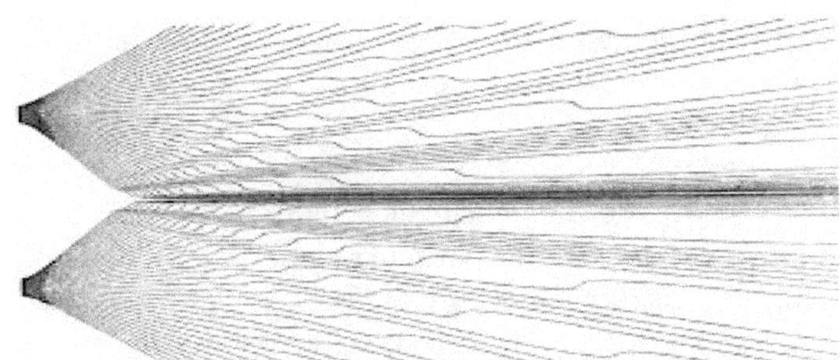

Trayectorias de las partículas en el experimento de la "doble rendija" según la interpretación de Bohm. Cada partícula se comporta como tal, pasando por una sola rendija, pero no viaja como un proyectil en línea recta, sino "zarandeada" por su función de onda. Como resultado, las partículas se detectan al final donde determina la interferencia de sus ondas, pero en todo momento son partículas bien localizadas

En ese sentido, la teoría de Bohm sería más "completa" que la teoría Estándar, por aportar esos detalles adicionales. No obstante, los resultados de la teoría de Bohm y los de la Estándar coinciden; de modo que a, efectos prácticos, esos detalles adicionales sólo aportan más complicación a los cálculos. Realmente calcular cuál de esas trayectorias seguiría una partícula requeriría conocer detalles suyos adicionales de partida, que a su vez desconocemos. De ese modo, lo único que aporta la interpretación de Bohm es la posibilidad de imaginar que existen tales trayectorias.

Otra interpretación bastante popular es la de "los muchos universos". Según ella el universo se desdoblaría en cada elección que deba hacer un sistema cuántico. En el caso del espejo, por ejemplo el universo se desdoblaría en dos con diferentes historias. En uno de ellos la partícula se habría reflejado, en otro lo habría cruzado. De este modo, las dos opciones existirían realmente a la vez, como indica la función de ondas, pero los habitantes de cada universo sólo verían una de ellas. Esta interpretación afirmaría (como la Estándar) que la mecánica cuántica es una teoría "completa", y no existen más detalles que alguna vez puedan encontrarse. La interpretación evita tener que imaginar a los electrones "materializándose" o "colapsando" para elegir una u otra posición, simplemente las dos posibilidades coexistirían, y en cada universo desdoblado estarían en una posición bien concreta.

Una versión de la mecánica cuántica debida a R. P. Feynman propone que la partícula sigue realmente todas las trayectorias posibles desde su salida a su llegada, tal vez en distintas versiones paralelas del universo. En este caso, la onda de probabilidad sería simplemente el resultado de sumar la contribución de todas esas historias. Es la denominada formulación de integral de caminos. Para ella Feynman demostró que sus resultados son idénticos a los dados por la ecuación de Schrödinger, a pesar de la enorme diferencia de su planteamiento. De este modo, imaginar que realmente sólo hay ondas y no existen trayectorias, o que existen a la vez múltiples trayectorias, sería una elección "estética" de cada cual; ya que los resultados serían indistinguibles. También en esta interpretación la teoría sería "completa" ya que no habría mecanismos adicionales aún desconocidos, simplemente todas las cosas posibles ocurren a la vez, y la teoría nos calcula la probabilidad de observar algunas de ellas.

Otra interpretación denominada "decoherencia" plantea que los sistemas microscópicos aislados (electrones, átomos, etc.) dejan de comportarse cuánticamente al interaccionar con sistemas grandes y complejos que no son cuánticos (como los aparatos de medida, los laboratorios, los investigadores, etc.)

Ninguna de estas interpretaciones tiene el apoyo unánime de todos los científicos, porque todas tienen algún inconveniente. La original de Copenhague es quizá la que menos "suposiciones" emplea, ya que se limita a los hechos: mientras el sistema evoluciona libremente, podemos predecir de forma muy precisa cómo se distribuye su probabilidad; y sólo al observarlo pasa a comportase como una partícula, o a decidirse por una u otra opción. Qué hace, o cómo es, mientras no lo "vemos" se descarta como pura fantasía. El principal inconveniente de este planteamiento es no dejar claro qué es "observar" ni la frontera entre el observador y lo observado. Si por ejemplo nos preguntamos cuándo se decide una partícula por una u otra posición, la teoría no deja claro si es cuando la luz la ilumina, o cuando le tomamos una fotografía, o cuando alguien ve esa fotografía…

Existen más interpretaciones y posiblemente el lector podría imaginar la suya propia, aunque en tal caso le convendrían algunas advertencias. La primera es que ya hay bastantes investigadores con una gran experiencia ocupándose de ello, y el problema no parece sencillo. La segunda es que tener algunos detalles pendientes de aclarar, no significa que todo sea cuestionable, ni mucho menos cosas como "poder alterar la realidad con sólo pensar en ella". Desde luego no están en duda sus reglas ni su aplicación en todos los casos conocidos, es sólo que nos gustaría saber por qué es como es, para estar seguros de cómo funcionaría en cualquier situación imaginable. Sea cual sea la interpretación que elijamos, lo que no podemos hacer es mantener una visión clásica de las partículas más diminutas; imaginando comportamientos predecibles, o ignorando que incluso la observación más delicada influirá en su comportamiento.

El Gato de Schrödinger

Como ya hemos comentado, los efectos cuánticos sólo son apreciables a las escalas más pequeñas, debido al valor de la constante de Planck. No obstante, toda la materia está hecha de diminutas partículas que se rigen por ella, y si la teoría es universalmente válida (como creemos) debería ser aplicable a todas las escalas. Ya indicaron los creadores de la teoría que ello da lugar a muchas cuestiones interesantes, aunque de tipo filosófico más que práctico. Es famoso el ejemplo debido a Schrödinger que presentaremos en este apartado y que involucra a un gato.

El ejemplo hace uso de los dos "postulados" básicos de la mecánica cuántica que hemos comentado en el apartado anterior.

Imaginemos una caja cerrada conteniendo en su interior un gato, y un dispositivo que puede matarlo al llegarle alguna partícula, por ejemplo liberando un veneno. Supongamos que la caja tiene únicamente un pequeño orificio por el que podemos enviar una partícula hacia el dispositivo "asesino". Tras el orificio ponemos un espejo semi reflectante (como el usado en un ejemplo anterior). De esta forma una vez cerrada la caja y disparada la partícula por su entrada, es tan probable que ésta llegue al dispositivo y el gato muera, como que no llegue y el gato siga vivo.

Ahora bien, si la mecánica cuántica es aplicable al interior de la caja, al estar aislado del exterior evolucionará libremente según la (enormemente compleja) función de onda de la partícula más el dispositivo más el gato. Mientras no interaccionemos con este sistema para ver qué ha ocurrido (o sea, mientras no abramos la tapa) se aplicará la primera ley del comportamiento cuántico; es decir, sólo podemos saber que el gato tiene 50% de probabilidad de estar vivo y otro tanto de estar muerto. Según la interpretación de Copenhague, dos días después del experimento, el interior de la caja seguirá en un estado indefinido ente las dos posibilidades (un gato muy aburrido y **a la vez** un cadáver en descomposición); pero cualquiera de las dos opciones se decidirá sólo en el momento en que interaccionemos con el sistema para determinar el resultado, es decir, ¡al abrir la tapa para mirar!

Nótese que, mientras "no miremos" lo ocurrido, la partícula disparada hacia la entrada de la caja no habrá elegido su trayectoria, sino que se describirá como una onda que ha seguido las dos (la de matar al gato y la de salvarlo). Ese "tan probable vivo como muerto" no significa que haya ocurrido una de las dos cosas con la misma probabilidad, significa que han ocurrido las dos, y que serán igual de probables cuando se decida una de ellas al mirar.

Si la primera ley cuántica es aplicable a todo sistema aislado, el proyectil que entra en la caja se comportará como una onda que se desdoble en dos, con todas sus "dobles" consecuencias. Cuando miremos dentro, la caja deja de ser un "sistema aislado" y es entonces cuando todo se decide (sin posibilidad de que el observador elija, por supuesto).

El argumento puede estirarse aún más… ¿es el abrir la caja lo que provoca el colapso de la función de ondas o es el ver lo que hay dentro? El abrir la caja no sería suficiente:

Imaginemos que el laboratorio está cerrado sin nadie dentro, y que un mecanismo automático abre la caja y toma una foto del interior. El mismo argumento de antes diría que dentro del laboratorio está en parte la foto de un gato vivo y en parte la foto de uno muerto. ¿Es que hace falta un observador humano para ver la foto y decidir lo que ha ocurrido? ¿Acaso la decisión se toma cuando interviene algo no material como la consciencia o alma del observador?[1] Curiosa teoría científica esta ¿verdad? Algunas personas opinan que esto demuestra la existencia del alma, otras opinan que esto demuestra lo absurdo de la interpretación estándar. Por suerte en ciencia no sirven las opiniones, sino sólo los hechos. Así, mientras no sepamos cómo comprobar esto, los científicos preferimos esperar a tener más pistas o dedicamos a otras cosas más productivas.

Naturalmente esas "otras cosas" pueden incluir el idear otros experimentos donde sí sean posibles más comprobaciones. De hecho, los experimentos más parecidos que han logrado hacerse parecen indicar que efectivamente, la decisión sobre el resultado se toma en el momento de "mirar", y el ejemplo del siguiente apartado (el llamado experimento EPR) así lo indica también.

Ya indicamos en su momento, que el papel de la observación es una de las principales diferencias entre las descripciones cuántica y clásica del mundo, y cuál es en parte el origen de ese comportamiento: los objetos cuánticos son muy pequeños, pero las interacciones con ellos no pueden hacerse tan pequeñas como se quiera por estar cuantizadas. De todos modos, en algunos casos todo parece indicar que ese no es el único motivo, y que la a evolución de un sistema cuántico puede depender del sólo hecho de tener información

---

[1] Por cierto, nótese que al abrir la caja se decidiría lo ocurrido, pero no lo decidiría el observador, él simplemente sería espectador de una de las dos opciones que ocurriría por puro azar. Quienes ponen este ejemplo para defender que la mente puede provocar uno u otro resultado olvidan este matiz: como mucho la mente podría provocar que ocurra algo, y esperar luego a ver qué opción le toca al azar.

sobre él. En concreto, un teorema denominado "de aislamiento informativo" ilustra esto; dando a entender que aquel "postulado 2", sobre el comportamiento de los sistemas al medirlos, podría considerarse una consecuencia del "postulado 1". En concreto, ese teorema afirma que si tenemos dos sistemas y el estado de uno es independiente del estado del otro, entonces ambos se pueden considerar aislados, y evolucionan como indica el "postulado 1". Si por el contrario, el estado de uno depende del estado del otro, entonces ninguno de los dos se puede considerar "aislado", sino como dos partes de un sistema más grande. En tal caso será el conjunto el que evolucione según el postulado 1, pero será imposible predecir la evolución de cada una de las dos partes sin saber lo que ocurre con la otra.

En definitiva, tener información de un sistema significa que nuestro estado (o el de nuestros instrumentos) no sea independiente del estado del sistema, y por ello su evolución (por el simple hecho de obtener información sobre él) debe pasar a ser impredecible[1].

Si acaso cabe comentar qué nos sugerirían las interpretaciones alternativas. Las de Einstein y Bohm mantendrían que el gato tras el experimento quedó vivo o muerto, aunque no lo descubramos hasta abrir la caja. Según la de Einstein, porque la mecánica cuántica sólo sabe decirnos las probabilidades de una u otra cosa. Según la de Bohm porque faltarían datos (la trayectoria detallada de la partícula) para poder calcular en detalle cual de ellas ocurrió. En la interpretación de los muchos universos, se habría producido un desdoble en dos universos con diferentes historias, en uno de ellos el gato murió y en el otro sobrevivió; los habitantes de cada universo descubren en cuál de ellos se encuentran al abrir la caja. En la interpretación de la decoherencia, el gato es un sistema grande y complejo que no se comporta cuánticamente; de modo que no sabemos muy bien en qué momento el sistema "se decide", pero el gato ya está vivo o muerto antes de que abramos la caja.

---

[1] En el lenguaje técnico, no pude ser "unitaria".

El experimento EPR

Como ya hemos comentado, el hecho de "medir" u "observar" tiene en mecánica cuántica una especial trascendencia. Para la física clásica, medir algo es averiguar una propiedad que el sistema ya tiene antes de la medida, es una operación determinista. Por el contrario, con la mecánica cuántica el sistema cambia de forma incontrolable a causa de la medida, de forma que su resultado no está decidido antes de hacerla y lo único que podemos predecir son las probabilidades de obtener uno u otro.

Einstein, a pesar de ser uno de los creadores de la mecánica cuántica, nunca llegó a estar totalmente convencido de ese comportamiento. Siempre le molestó imaginar que los resultados de las medidas se decidiesen en el momento de hacerlas, prefería pensar que ya existen antes. En 1935, junto con otros dos autores (B. Podosky y N. Rosen), idearon un experimento ya famoso que permitiría saber algo de una partícula sin observarla ni interaccionar con ella; lo cual, según ellos, demostraba que eso existía antes de la medida. Dicho experimento genera muy interesantes consecuencias, y se suele denominar por las iniciales de los tres apellidos como "Experimento EPR". Originalmente el experimento se planteó considerando las posiciones y velocidades de las partículas, aunque nosotros comentaremos aquí una versión ligeramente simplificada basada en sus espines.

Recordaremos primero que los electrones tienen una característica denominada espín. Esto significa que, en cierto sentido, son como diminutas peonzas girando en torno a su eje; sólo que nunca pueden parar de hacerlo, y eternamente mantienen la misma velocidad. Es posible preparar una pareja de electrones de forma que su cantidad de giro total sea cero, es decir, de modo que cada uno esté girando en dirección contraria al otro. Cuando un sistema así se desintegra, ambos electrones salen en direcciones opuestas. En tal caso, aunque no sepamos en qué dirección sale girando uno de ellos, podemos garantizar que el otro gira en la contraria. Esta forma de correlación entre ellos se denomina "entaglement" (entrelazado).

Pues bien, preparemos un par de electrones de esta forma, esperemos a que se separen, y dejemos que se alejen lo suficiente para que lo ocurrido con uno de ellos no pueda ya afectar al otro. ¿Que podríamos contestar entonces, si alguien nos pregunta en qué dirección está girando alguno de ellos? Si fuese válida aquí la mecánica clásica contestaríamos que no lo sabremos hasta que lo midamos. Pero la respuesta de la mecánica cuántica es mucho más inquietante: la dirección de giro de ambos está aún por decidir, y no se decidirá hasta que hagamos la medida.

Bien, supongamos que medimos entonces el espín de uno de ellos; eso le hará decidirse por una dirección concreta y obtendremos un resultado… ¡pero eso afectará también al otro electrón! Nótese que antes de nuestra medida el otro electrón tampoco tenía decidido su sentido de giro, pero después de medir a uno ya sabremos cómo debe estar el otro. Además este efecto es inevitable por muy separados y aislados que se encuentren ambos electrones, ya que ambos comparten una misma función de onda; su colapso para uno afecta de forma instantánea al otro, por muy incomunicados que se mantengan. A Einstein y sus colaboradores esto les parecía tan inaceptable como admitir la existencia de "fantasmales efectos a distancia". Preferían pensar que ambos electrones tenían ya decidida la dirección de su espín, y que simplemente la averiguamos al medirla.

Durante 30 años este experimento EPR quedó en el cajón de las curiosidades, junto al caso de Schrödinger y su gato. Sin que a nadie se le ocurriese cómo comprobar de algún modo lo que realmente ocurría con las partículas, todo quedaba en el campo de la filosofía y lo opinable. Aunque aún seguimos así con el gato de Schrödinger, para este experimento EPR llegaron algunas nuevas ideas hacia los años 60. La primera, debida a D. Bohm y Y. Aharonov en 1957, fue utilizar la versión que hemos descrito aquí; con espines de electrones, más fáciles de determinar experimentalmente que las posiciones y velocidades originalmente propuestas por EPR. De hecho, la mayoría de experimentos realizados utilizan otra versión aún más fácil de manejar en el laboratorio, manejando espines de fotones, es decir, luz polarizada. La segunda novedad surgió en 1960: J. Bell demostró que, si la mecánica cuántica está en lo cierto, los espines de las dos partículas deben estar correlacionados de forma muy especial; en concreto, de un modo que no podría imitar nada que ya estuviese decidido antes de la medida en dos partículas independientes.

Eso cambió totalmente las cosas. En vez de disquisiciones filosóficas por fin se pudo ir al laboratorio a verificar cómo ocurrían realmente las cosas. Lo primero que se encontró es que, efectivamente, las correlaciones que predice la mecánica cuántica entre ambos espines son correctas, de modo que no pueden estar determinados antes de la medida. Es decir, el resultado de la medida se decide en el momento de hacerla. Para más sorpresa de todos, lo segundo que se comprobó es que esas correlaciones se mantienen por más separadas e incomunicadas que se encuentren ambas partículas[1]. Esta curiosa característica de la mecánica cuántica se denomina no-localidad; significa que es posible preparar pares de partículas entrelazadas, de modo que lo ocurrido a una afecte a otra distante, aún sin conexión alguna entre ambas. Todos los experimentos realizados hasta el momento[2] parecen confirmar la veracidad de esta sorprendente predicción cuántica.

Curiosamente ya existen incluso aplicaciones prácticas para este efecto. Desde luego una aplicación no puede ser el transmitir información a distancia de modo instantáneo. Nótese que al medir el espín de una partícula, de modo instantáneo sabemos cuál es el de la otra por alejada que esté;

---

[1] Normalmente lo que se hace es dejar que ambas partículas se alejen, medir a cada una en lugar diferente, y luego juntar los resultados y comparar qué correlación se ha encontrado entre ellas.

[2] Actualmente el récord de separación entre ambas partículas se ha logrado para fotones, haciéndolos viajar de ida y vuelta entre un laboratorio en tierra y un satélite artificial en órbita.

pero como el resultado ocurre al zar y no puede influirse en él, no podemos usarlo para "transmitir" esa información.

Para lo que sí puede usarse es para compartir claves secretas. En efecto, si dos laboratorios reciben una secuencia de partículas preparadas de esta forma, cada uno obtendrá una secuencia de medidas perfectamente impredecibles, y sabrá que el otro laboratorio tiene las mismas. Además pueden asegurarse de que nadie tenga esa información; ya que cualquier espía que interceptase la comunicación y también las midiese, destruiría la correlación entre ellas y podría detectarse. La inmensa mayoría de comunicaciones digitales seguras se realiza de modo encriptado, mediante claves secretas compartidas; siendo el principal reto el hacerlas difíciles de predecir y de espiar. Como hemos visto, la mecánica cuántica puede proporcionarlas no difíciles, sino imposibles de predecir o espiar.

Quizá en este caso, más que el comportamiento cuántico, lo que más nos sorprende a los físicos es la no-localidad; es decir, el que algo pueda ser afectado por sucesos distantes y sin posibilidad de comunicación. Al menos tenemos la tranquilidad de que tales cosas no permiten ni transmitir información ni "controlar" nada a distancia. Como en otros casos, las distintas "interpretaciones" pueden sugerir distintas posibilidades sobre lo ocurrido con esos espines. En particular las de universos paralelos o la de Feynman explicarían así la "no localidad": las partículas se habrían separado con todas las orientaciones posibles a la vez, cada una en un universo paralelo. Cuando alguien mide la orientación de una de las partículas, no está "influyendo" para nada en la otra, simplemente está averiguando en qué versión del universo se encuentra, y cómo está la otra partícula en ese universo.

Para los amantes de lo esotérico, la idea de que cualquier cosa ocurrida en un lugar del universo pueda afectar a cualquier otra aunque no medie comunicación, ofrece fantásticas posibilidades, pero es poco justificable. Cierto es que todas las partes del universo estuvieron juntas en algún momento del pasado (en el centro del big-bang donde todo se generó), pero toda partícula ha interaccionado muchas veces desde entonces como para que puedan mantenerse aún correlacionadas. Además, los efectos cuánticos son sólo apreciables para objetos de tamaño atómico o menores, no para objetos cotidianos, donde manda la mecánica clásica. En cualquier caso es ciertamente una posibilidad muy sugerente como argumento para historias de ficción. Eso sí, aviso para guionistas: ese efecto no sirve para comunicarse.

¿Ordenadores cuánticos?

Todos habremos oído alguna vez, que en el corazón de cada ordenador se manejan bits. Los componentes más pequeños con información en cada ordenador son circuitos que pueden conducir corriente o no conducirla, o bien puntitos sobre la superficie de un disco duro que pueden estar imanados en una dirección o en la contraria. En todos los casos, se trata de elementos que pueden estar en dos posibles estados; y pueden utilizarse para representar dos posibilidades Si/No, o dos números 1/0. A eso llamamos bits. Además de manipular esos bits en un ordenador, también los podemos guardar en millones de diminutos acumuladores en un pendrive, que pueden estar cargados o descargados. O en la superficie de un compact disk, como zonas marcadas / no marcadas. Digitalizar cualquier información significa convertirla en números, que en última instancia se escriben con unos y ceros, y que los ordenadores manipulan como estados conduce/no-conduce en su circuitería.

Para fabricar ordenadores cada vez más rápidos a uno se le podrían ocurrir varias opciones. Una de ellas sería utilizar ordenadores con muchos circuitos en paralelo. Esa es la técnica más habitual: los ordenadores más modernos pueden manejar en cada operación a la vez bloques de 12, 32 o 64 bits, y además pueden tener varios microprocesadores funcionando a la vez.

Otra opción sería emplear circuitos que pudiesen estar no sólo en dos estados (conduce/no-conduce) sino en varios posibles (conduce mucho, conduce regular, conduce poco…). Actualmente esa opción no es interesante: un circuito que pueda estar en 256 estados diferentes contiene más información que uno con sólo dos estados, pero complica las cosas el determinar para cada operación en cuál de ellos está. Además esa misma información equivale a la de 8 circuitos tradicionales cada uno de ellos con un solo bit.

Ahora bien, imagine el lector algún tipo de circuito o sistema muy pequeño, que pudiese estar en muchísimos estados. E imagine a la vez que no necesita estar en uno de ellos en cada momento, sino que puede estar en todos ellos ¡a la vez! Un ordenador basado en esa tecnología sí que sería realmente revolucionario. Pues según la mecánica cuántica esos sistemas ya los tenemos: Son, por ejemplo, los espines de los electrones que describimos en el experimento EPR. Nótese que ese espín, como todas las características cuánticas, antes de medirlas no están en ningún estado concreto, sino en todos a la vez (es su medida la que le hace decidirse por algún valor concreto).

Desde luego la diferencia es abismal: Un bit viene a ser una flechita que sólo puede apuntar hacia arriba o hacia abajo, representando un uno o un cero. Un Q-bit (como se llamaría a un bit "cuántico") podría ser una flechita que puede apuntar en todas las direcciones, y que además en cada momento puede estar… ¡en todas ellas a la vez! Desde luego, un ordenador que manejase espines de electrones en vez de bits sí que sería algo radicalmente más potente que cualquier ordenador actual conocido. Nótese que, si el resultado de un cálculo dependiese de la orientación inicial de algunos Q-bits; el poder orientarlos en infinidad de direcciones "a la vez", significa calcular infinidad de posibilidades a la vez, es decir, equivale a hacer infinidad de cálculos simultáneos. A eso se denomina un "ordenador cuántico".

Según los estudios teóricos, un ordenador cuántico tendría tal capacidad de cálculo que podría averiguar todos los códigos secretos de cualquier conversación cifrada, de cualquier cuenta u operación bancaria protegida, o de cualquier secreto industrial o militar codificado con las claves actuales.

De momento las dificultades para mantener estables y manejar cosas tan pequeñas no han permitido llevar a la práctica esa idea, pero muchos laboratorios trabajan intensamente en ello. Desde luego ningún estado ni ninguna gran empresa de ordenadores quiere que otros logren antes semejante tecnología…

A modo de conclusión…

La mecánica cuántica "llegó para quedarse". Depende de ella toda nuestra tecnología de la micro-electrónica, las luces led, los láseres y buena parte de la química. De hecho, si se logran construir ordenadores cuánticos, supondrá un cambio radical respecto a todos los que hoy en día tenemos.

A quien se sienta incómodo con ella, le recordaría algunas frases famosas de uno de sus creadores, Richard P. Feynmann:

"La mecánica cuántica describe la naturaleza como algo absurdo al sentido común. Pero concuerda plenamente con las pruebas experimentales. Por lo tanto espero que ustedes puedan aceptar a la naturaleza tal y como es: absurda."

"Si usted piensa que entiende la mecánica cuántica… entonces es que realmente no entiende la mecánica cuántica"

Creo que la mayoría de los físicos nos sentimos bastante identificados con ello, y a nuestros estudiantes más que explicársela lo que hacemos es enseñarles a manejarla. Cuando empiezan a pensar que la entienden, realmente lo que ocurre es que ya se están acostumbrando a ella.

Desde el punto de vista práctico esta teoría nos dice todo lo que necesitamos sobre el comportamiento de átomos y electrones y cómo controlarlos. Desde el punto de vista "filosófico" describe comportamientos tan distintos a cuanto nos rodea, que nos deja un poco intranquilos. Quizá nos tengamos que resignar a aceptarla tal cual sin más; o quizá encontremos otra, más detallada aún, que explique por qué es como es. Los físicos nunca damos "por terminada" ni siquiera la mejor de nuestras teorías; pero desde luego, si encontramos otra que la reemplace, no será para descartar ésta, sino para traernos más sorpresas aún.

¿QUÉ SEPARACIÓN TIENEN LOS TRASTES DE UNA GUITARRA?

La escala musical moderna

Los primeros estudios "científicos" sobre la música datan de muy antiguo, y entre ellos cabe destacar a Pitágoras (569-475 a. C.) Él estaba convencido de que cada número (entero) llevaba asociado algún contenido mágico, y que eso debía ser parte de la forma en que está hecho el universo, por lo que debería ser fácil encontrar manifestaciones suyas. Entre sus estudios, Pitágoras analizó los sonidos producidos al pulsar una cuerda tensa.

Partiendo de una cuerda de longitud arbitraria, Pitágoras fue comparando los sonidos obtenidos al ir reduciendo su longitud, y descubrió que algunos de ellos son mucho más melodiosos que otros. En concreto, descubrió que las combinaciones de sonidos más agradables al oído se obtienen al tomar fracciones sencillas de la longitud. Este es el caso de por ejemplo 1/2 o 2/3, pero no otras menos "redondas" como 13/25 o 23/47.

Dada una cuerda tensa, su sonido original y las siete proporciones que más melodiosas suenan con él, recibieron desde antiguo nombres especiales y fueron usadas para la composición musical[1]. Estas fueron las indicadas en la tabla.

longitud cuerda:	L	8/9 L	4/5 L	3/4 L	2/3 L	3/5 L	8/15 L	1/2 L
Frecuencia de vibración	F 1F	9/8 F 1.13F	5/4 F 1.25F	4/3 F 1.33F	3/2 F 1.50F	5/3 F 1.67F	15/8 F 1.88F	2 F 2 F
nombre:	Do	Re	Mi	Fa	Sol	La	Si	Do

En la primera columna L y F indican la longitud de partida y la frecuencia con la que vibra. El resto de columnas indica las sucesivas fracciones de esa longitud y las correspondientes frecuencias a las que vibra la cuerda acortada, hasta llegar a una cuerda de la mitad de longitud que vibra al doble de frecuencia.

El motivo de que estas combinaciones resulten al oído más melodiosas que las demás no se conoce con seguridad, aunque parece que se encuentre en la fisiología de nuestro oído. Una posible explicación es la siguiente: Según la física, cuando se estudia la vibración de un cuerpo (ya sea un sólido golpeado, una cuerda pulsada o la columna de aire en un instrumento de viento), junto con las oscilaciones de frecuencia más baja suelen aparecer combinadas todas sus frecuencias doble, triple, cuádruple, etc. Estas frecuencias, múltiplo de la fundamental, se denominan armónicos; y la intensidad con que participan en un sonido depende del origen de dicho sonido, siendo lo que determina la cualidad denominada "timbre" en música.

De esta forma, nuestro oído estaría acostumbrado a sonidos que no son frecuencias puras, sino combinaciones de ellas con proporciones sencillas (múltiplos enteros de una dada). Ello explicaría que a nuestro oído le resulten "naturales" combinaciones de este tipo, y "extrañas" las demás.

La escala musical, formada por los sonidos indicados, se utilizó de forma generalizada en todo occidente hasta

---

[1] En los textos en inglés las notas suelen llamarse C, D, E, F, G, A, B, en vez de Do, Re, Mi, … Si. Ello fue popularizado durante el siglo 20 por los músicos de EEUU, y responde a la forma en que parece que se nombraban las notas mucho antes de que se les diesen los otros nombres.

principios del[1] siglo 18, y se denomina "escala pitagórica". El principal inconveniente de dicha escala es que la separación entre sus notas no es uniforme, y por ello una melodía no puede subirse o bajarse de tonalidad. Si, por ejemplo, en una melodía compuesta en dicha escala con las notas Fa, Sol y La, se suben un paso todas, (cambiando cada Fa por Sol, cada Sol por La y cada La por Si) la melodía queda distorsionada.

La escala musical que utilizamos en la actualidad fue introducida en época relativamente reciente: se debe al científico y músico alemán Andreas Werckmeister, que hacia el año 1700 también construyó el primer instrumento afinado con ella. La nueva escala se basó en el descubrimiento de que la apreciación de los sonidos por nuestro oído es bastante parecida a la función matemática logaritmo, y debió esperar hasta estas fechas en que los necesarios recursos matemáticos (logaritmos y álgebra de magnitudes no fraccionarias) estuvieron disponibles.

Aunque la palabra "logaritmo" sugiera matemáticas avanzadas, el que nuestros oídos respondan de esa forma tiene un significado realmente muy simple: se trata de que aprecian cambios relativos en las frecuencias. Ello significa que un aumento de frecuencia de un 6% parece el mismo, sin importar demasiado de qué frecuencia se trate. Así, pasar de 100 a 106Hertz[2] parece la misma subida de tono que pasar de 1000 a 1060. Por ello, si queremos que las notas de una escala suenen con separación uniforme, deben estar separadas porcentajes fijos en vez de fracciones enteras. Una escala construida de esta forma permite subir o bajar cualquier melodía sin apreciable distorsión.

Aunque convenga tener las notas de una escala separadas porcentajes fijos, también conviene mantener en lo posible

---

1 Ver el penúltimo capítulo sobre la numeración latina para los siglos.

2 Hertz es una medida de frecuencia que indica el número de vibraciones por segundo. Un objeto vibrando 1000 veces por segundo genera un tono de 1000Hertz. Sólo son audibles los tonos entre 20 y 20000Hertz. Todos somos "sordos" a vibraciones más lentas (infrasonidos) o más rápidas (ultrasonidos).

aquellas notas que resultan más "naturales al oído". Por ello, diseñar la nueva escala supuso compaginar lo mejor posible ambas exigencias.

En la actual escala musical los músicos denominan "octava" a un aumento en un factor x2 de la frecuencia sonora, y lo dividen en 12 intervalos llamados semitonos, que corresponden a una separación fija del 6% en frecuencias. Los siete sonidos de esta nueva escala más parecidos a los de la antigua siguieron llevando el mismo nombre (Do, Re, Mi, ..., Si). De ese modo, en la escala actual "un semitono" corresponde al aumento de frecuencia en un factor[1] $2^{1/12} = \sqrt[12]{2} = 1.0595$ (es decir, un 5.95% exactamente). En el caso de una cuerda vibrante su frecuencia va en proporción a su longitud, de modo que en ese mismo porcentaje debe alargarse o acortarse para generar las notas sucesivas. Ese 6% es el que separa los trastes de una guitarra. Es decir, de cada uno al siguiente no crecen una cantidad fija, sino ese porcentaje fijo.

Como puede apreciarse en la figura, la elección de 12 semitonos se basó en que, sin usar excesivo número de notas, las nuevas estuviesen lo más próximas posible a las antiguas pero "bien-sonantes". Ésta es la que se llama "escala temperada". En la figura puede verse la posición de cada sonido, comparando las escalas nueva y antigua. La primera de las figuras muestra las frecuencias de los sonidos en proporción "logarítmica", es decir iguales separaciones para igual % de subida de tono. Es precisamente la presentación que tenemos al mirar el teclado de un piano, por lo que se acompaña esa imagen como orientación de dónde se sitúa cada nota. La segunda figura muestra la longitud que debe tener la cuerda que genera esos sonidos, y es la que encontramos en los trastes de una guitarra. Según se aprecia

---

1 El número $2^{1/12} = \sqrt[12]{2} = 1.0595$ es la raíz 12 de 2, y por muy exótica que parezca a alguien una raíz 12, simplemente representa un número (el 1.0595) que da 2 tras multiplicar doce veces por él. Con otras palabras, simplemente un aumento del 6% (exactamente un 5.95%), el que debe aplicarse 12 veces para dar lugar a un aumento del 100%.

en ambas figuras, la diferencia es pequeña entre la antigua y nueva escala para las siete notas musicales básicas.

Como hemos comentado, de las 12 notas en la nueva escala, sólo las 7 que coinciden con la antigua tienen "nombre propio" (Do, Re, Mi, …), que en un piano son las teclas blancas. Como puede verse, esas notas no están todas igualmente separadas, por lo que entre algunas hay notas intermedias (en un piano las teclas negras). Como ejemplo, entre "Re" y "Mi" hay un 12% de separación en frecuencia, que se denomina "un tono", de modo que entre ambas hay una nota intermedia sin nombre propio. Por el contrario "Mi" y "Fa" sólo están separadas la mitad (un 6% en frecuencia o "semitono"), y no hay ninguna "tecla negra" entre ellas.

Como curiosidad, las notas intermedias sin nombre propio (teclas negras del piano) se denominan refiriéndose a las dos más próximas por encima o por debajo. Así la nota intermedia entre Re y Mi se denomina "Re sostenido" o "Mi bemol", y en música se representa $Re^{\#}$ o Mi^{b}. En la antigua escala, al no ser iguales todas las separaciones, no se tiene exactamente la misma nota si se sube un 6% a Re que si se le baja a Mi, por lo que no sería exactamente lo mismo $Re^{\#}$ que Mi^{b}.

Si en un piano pulsamos una tras otra todas las teclas (blancas y negras) oiremos una secuencia de sonidos crecientes separados un 6% (semitono), mientras que si pulsamos sólo las teclas blancas la secuencia no será uniforme. Los pianos están construidos de esa forma para que el intérprete tenga "más a mano" las teclas más frecuentes (las blancas que tienen nombre propio).

Curiosamente eso de "ser más frecuentes" es una cuestión cultural, y es diferente por ejemplo en la música oriental. Si el lector tiene a mano un teclado de piano le recomiendo un curioso experimento: toque una melodía pulsando más o menos al azar sólo las teclas negras … verá cómo parecerá estar tocando "música china".

Si bien a un oído experimentado le resultan algo más armoniosos los sonidos de la escala antigua que los de la nueva; las diferencias son pequeñas, y se ven compensadas con creces por las enormes posibilidades de la nueva escala, en cuanto a libertad de elegir tonalidades y naturalidad de las modulaciones. Inicialmente muchos músicos de la época se mostraron reacios a aceptar el cambio, y en relación con dicha historia merece citar la obra "El Clave bien temperado" (bien afinado). Se trata de una obra que consta de 24 temas (preludios y fugas) creados en cada una de las 24 tonalidades posibles, y compuesta por Juan Sebastián Bach; al parecer para demostrar las enormes posibilidades de la nueva escala.

En relación con las figuras, nótese que las dos primeras sólo muestran "media cuerda" o un aumento de tono hasta un factor 2. Como muestra la tercera figura, en la otra mitad de la cuerda se puede repetir el mismo patrón reducido a la mitad tantas veces como se desee, logrando notas más y más agudas.

Como curiosidad, cabe comentar que las mismas longitudes se aplican a las cuerdas de un violín, aunque en ese caso las divisiones no están marcadas en el mástil del instrumento; y el intérprete depende de su oído y su experiencia, para calcular "a ojo" dónde poner los dedos en cada momento. Desde luego una muestra admirable de lo que puede lograr un buen entrenamiento. Este "inconveniente" del violín en realidad resulta una ventaja, porque el intérprete puede modificar ligeramente las notas durante su interpretación si lo desea, acercándolas más a la escala temperada o a la cromática, o dándoles cualquier otra alteración que desee.

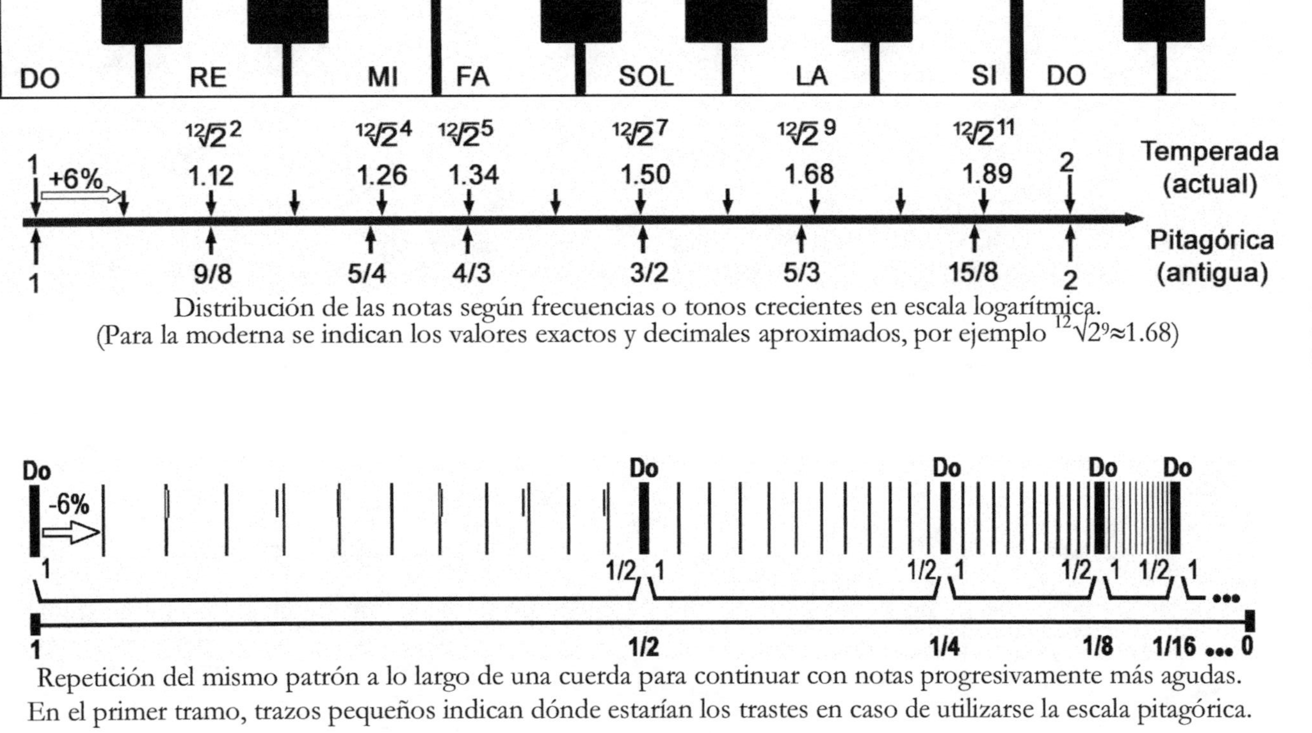

Distribución de las notas según frecuencias o tonos crecientes en escala logarítmica.
(Para la moderna se indican los valores exactos y decimales aproximados, por ejemplo $\sqrt[12]{2^9} \approx 1.68$)

Repetición del mismo patrón a lo largo de una cuerda para continuar con notas progresivamente más agudas. En el primer tramo, trazos pequeños indican dónde estarían los trastes en caso de utilizarse la escala pitagórica.

ASTRONOMÍA ¿QUÉ HAY POR ALLÍ ARRIBA?

A diferencia de los antiguos, que imaginaban nuestras vidas regidas por los astros, nuestra vida moderna parece tener poca relación con ellos. Comenzando con nuestros horarios, que se independizan de las horas de luz solar; y continuando con la práctica ausencia de estrellas en el cielo de nuestras ciudades, ocultas por la iluminación artificial.

No obstante la existencia de todo un inmenso universo por encima (y debajo…) de nuestras cabezas, siempre ha sido una fuente de intriga para el ser humano. Además, aunque no seamos conscientes de ello, nuestros calendarios, nuestros satélites artificiales, y mucha de nuestra tecnología actual, se han desarrollado o tienen mucho que ver con el espacio exterior.

El universo es realmente el lugar en que vivimos, y resulta que muchas personas apenas lo conocen; por eso, como suelo decirle a mis visitas… sentíos en vuestra casa ¿queréis que os la enseñe?

¿Qué hay en el cielo?

Lo primero que le explicamos a un niño cuando ve un mapa por primera vez es que no son lo mismo esa línea azul que representa un río, que la otra de puntos que representa un límite de provincias. El primero está allí, el segundo es sólo una invención nuestra para distinguir unas regiones de otras. Del mismo modo en el cielo hay objetos, o agrupaciones de ellos, que realmente están allí (como puedan ser planetas y galaxias); pero también hablamos de cosas, como las constelaciones, que son regiones imaginadas por nosotros. Es costumbre dividir el cielo en unas 90 de estas constelaciones. De ellas hay doce especialmente famosas (el "zodiaco"), que tienen la única virtud de estar por la zona que aparentemente recorre el sol a lo largo del año. Tampoco es exactamente así, porque la mayoría se eligieron en tiempos de Hiparco (hace 2000 años), y esa trayectoria ha cambiado un poco desde entonces. Constelaciones como Virgo, la osa mayor o Tauro no existían para otras civilizaciones o mitologías. Tampoco podríamos viajar a ellas, aunque tuviésemos una fantástica nave espacial; porque esos grupitos de estrellas próximas que parecen formar algunas figuras sólo tienen ese aspecto vistas desde la tierra, y normalmente están en lugares muy distintos separadas unas de otras.

Con lo que sí podríamos encontrarnos en un viaje espacial sería con muchas estrellas (que son lo más llamativo por su luz), con nubes de polvo y gas (algunas oscuras, otras hermosamente iluminadas por estrellas vecinas), y con rocas de todos los tamaños. Realmente, los planetas y satélites son rocas, tan grandes que la gravedad les hace tomar forma de esfera; mientras que rocas más pequeñas pueden tener cualquier forma. Con un poco de mala suerte sería posible también que nos cayésemos en un agujero negro, son tan discretos que no lo veríamos hasta tenerlo casi encima. Las estrellas por el contrario emiten tanta energía que nunca pasarían desapercibidas, y en algunos casos emiten tanta radiación que mejor no acercarse mucho. Además de todo eso, que habremos visto en las fotografías del cielo, también sospechamos que hay por ahí arriba cosas que aún nos quedan por descubrir, como la energía que lo hace expandirse, y bastante materia que no vemos porque no emite luz.

Si no nos hemos alejado mucho de la tierra, además será fácil toparnos con algo de basura espacial. Se denomina así a todo tipo de chatarra, desde tornillos, trozos de metal o pintura, hasta satélites artificiales averiados o abandonados. Las agencias espaciales tienen catalogados unos 10 000, porque son realmente peligrosos: andan moviéndose por ahí con tanta velocidad, que chocar con uno de ellos se parecería bastante a recibir un disparo o un cañonazo (dependiendo de su tamaño).

La tierra y la luna empezarían a parecernos pequeñas si nos alejásemos unos 300 000 km de ellas (que aproximadamente es la distancia que las separa), y lo más llamativo entonces seguiría siendo el sol. A pesar de ser una estrella de tamaño corriente, a la distancia que estamos nos llega una enorme cantidad de energía suya. Empezaría a parecernos también una pequeña estrella si nos marchásemos a plutón. En tal caso mejor llevar buena calefacción ¡allí apenas llega nada de su calor!

Más adelante comentaremos qué otras cosas encontraríamos si nos apartásemos aún más, aunque están tan lejos que sería realmente difícil llegar a ellas. Lo más llamativo son el resto de estrellas, que son soles muy lejanos. Además, por su influencia en el movimiento de las galaxias, parece que también debe haber bastante materia que no podemos ver por no emitir luz, y se denomina materia oscura. En ocasiones tenemos pista de esa materia oscura por taparnos algunas estrellas, pero en general aún no estamos muy seguros de en qué consiste... tal vez gases, polvo y trozos de roca de todos los tamaños.

¿Cómo distinguir estrellas, planetas, galaxias y demás?

En la actualidad más del 50% de los humanos vivimos en ciudades, y casi todos los demás no muy lejos de alguna o en zonas urbanizadas. Eso significa que prácticamente nadie puede ya salir de su casa por la noche, y disfrutar de un cielo estrellado en todo su esplendor. Entre luces de coche y farolas es raro llegar a ver más de una docena de estrellas en la ciudad.

Supongamos que nos hemos escapado hasta algún lugar realmente tranquilo, lejos de cualquier zona iluminada, y que tenemos un cielo despejado y sin luna. El cielo se muestra entonces como una multitud de puntitos luminosos caprichosamente colocados al azar. Salvo por tenerlos más o menos brillantes, a primera vista todos parecen iguales, de modo que no es fácil distinguir en qué consiste cada uno, y es normal llamar "estrellas" a todos ellos. Para distinguir unos de otros, y empezar a reconocerlos, hace falta algo de paciencia o alguna ayuda.

Suele decirse que las verdaderas estrellas son soles como el nuestro, aunque a tremendas distancias de nosotros. Aún siendo cierto lo de ser soles y lo de la distancia, el que sean "como el nuestro" es un poco engañoso, porque los hay enormemente variados. Desde inmensamente más grandes, hasta mucho más pequeños. Además son de muy variados colores, composición y temperaturas, aunque la diferencia de colores apenas se aprecia a simple vista (ya sabemos que con poca luz los colores no se distinguen).

Lo más característico de las verdaderas estrellas es que están siempre en los mismos lugares, de modo que con un mapa es fácil reconocerlas. No es que realmente estén quietas pero, a tan enormes distancias como las tenemos, tardaríamos miles de años en notar que han cambiado de sitio.[1] Las más brillantes de ellas tienen bonitos nombres propios, heredados en muchos casos de las culturas griega y árabe. Con un poco de costumbre es fácil reconocer algunas por sus agrupaciones, que forman constelaciones o figuras imaginarias. No siempre que miremos al cielo veremos las mismas porque, debido al giro de la tierra, en cada época del año probablemente tengamos encima una zona distinta.

---

1 Eso si puede detectarse al analizar mapas del cielo de las civilizaciones más primitivas.

Los planetas no emiten luz, son sólo grandes rocas iluminadas por el sol, pero a simple vista parecen una estrellita más. Para reconocerlos hace falta conocer un poco el cielo o tener un mapa de él: si una noche vemos una estrella que no estaba antes allí o que no aparece en el mapa, es que no es una estrella sino un planeta. De hecho la palabra "planeta" proviene de una antigua griega que significaba "errante o vagabundo"; y es que ellos son los únicos puntitos del cielo que podemos ver cambiar de sitio con el tiempo. Si disponemos de un pequeño telescopio de unos 100 aumentos[1], podemos ver que son diferentes de las estrellas sin tener que esperar a verlos moverse. Mientras que una estrella sigue siendo un puntito por muchos aumentos que tenga el telescopio, los planetas tienen el aspecto de pequeños discos luminosos cada uno con su peculiaridad. Marte es un pequeño disco rojizo, Júpiter tiene satélites, Saturno anillos, Mercurio y Venus parecen lunas con sus cuernos apuntando en dirección contraria al sol.

En el cielo también hay objetos con aspecto de "estrellas borrosas", y con unos simples prismáticos pueden verse varios de ellos que pueden ser varias cosas. Lo menos frecuente es que se trate de un cometa, pero si lo fuese y usted ha sido el primero en descubrirlo, podría comunicarlo a alguna asociación de astronomía; y tendría derecho a que le asignasen oficialmente su nombre (después que algún astrónomo profesional compruebe que efectivamente se trata de un cometa y que nadie lo había registrado antes, claro). Normalmente eso es muy difícil, porque hay muy pocos cometas y muchos aficionados dedicados a vigilar el cielo con todo tipo de instrumentos, deseando conseguir su cometa particular.

La afición por descubrir cometas ha sido constante, desde que se popularizaron telescopios económicos y mucha gente disfruta de observar el cielo. Aunque ello ha permitido descubrir muchos cometas, al principio supuso un verdadero

---

[1] Incluso algunas cámaras digitales tienen esos aumentos, aunque necesitaremos un buen lugar donde apoyarla para que no se mueva la imagen.

quebradero de cabeza para los astrónomos profesionales. El motivo es que no paraban de recibir avisos de aficionados diciendo haber descubierto algo, que luego resultaba ser cualquier otro objeto de aspecto borroso. Para evitarlo, el astrónomo francés Charles Messier (1730-1817), decidió elaborar un catálogo con un centenar de objetos del cielo que pueden parecer cometas pero no lo son. Desde luego eso es lo primero que uno debe consultar en caso de duda... Aunque no busquemos cometas, el catálogo Messier es una estupenda lista de objetos curiosos e interesantes que observar en el cielo. Se trata de objetos muy variados como galaxias, agrupaciones de estrellas o nebulosas, fijos siempre en las mismas posiciones; y que se nombran con la letra "M" y un número. Así por ejemplo "M31" es el objeto número 31 del catálogo Messier, que tiene su propio nombre, es la gran galaxia de Andrómeda. Muchos de estos objetos suelen venir indicados en cualquier mapa del cielo.

Los verdaderos cometas, cuando se aproximan a la tierra, suelen tener un aspecto alargado y cola; cambiando de posición de un día para otro hasta volver a alejarse de la tierra y perderse de vista.

En general, cualquier cosa que veamos moverse no será una estrella. Por ejemplo, un puntito luminoso que se desplace lentamente seguramente será algún satélite artificial. Tenemos muchos sobre nuestras cabezas y, aunque la mayoría pasan desapercibidos por ser muy pequeños, hay aplicaciones en Internet que nos indican por dónde podemos ver alguno en cada momento.

Por último, quizá los objetos más llamativos y escasos son las "estrellas fugaces". Cuando tengamos la suerte de ver alguna, lo que estaremos observando son pequeños meteoritos tal vez del tamaño de un grano de arena o una canica que se desintegran al entrar en la atmósfera. Podemos pedirle un deseo, aunque a la distancia que estará y lo poco que dura es muy posible que no nos oiga...

Y ¿qué pasa allí arriba? (Todo parece muy tranquilo...)

Pocas cosas tan relajantes como la sensación de paz y serenidad contemplando un cielo estrellado en una noche clara. Pero esa serenidad es en realidad tan engañosa como la quietud en la cima de una montaña: con el paso de los años nada parece cambiar, pero bastaría esperar unos millones de años para verla moverse y formarse o desaparecer. Esa quietud es sólo una ilusión debida a nuestra breve existencia. El universo es una inmensa maquinaria en permanente cambio, igual que cualquier ser vivo, sólo que a un ritmo muy lento comparado con nuestras vidas.

Visto así podemos estar tranquilos ¿no? Pues sólo un poco, porque la naturaleza a veces decide darnos sorpresas. El que las montañas tengan vidas muy largas, no impide que un volcán pueda ponerse en marcha de un día para otro, ni que un terremoto hunda nuestra casa mañana. Del mismo modo, el sol no se tragará la tierra un día de estos, aún le faltan unos 5 mil millones de años para hacerlo, pero mañana mismo podría producir una tormenta solar que destruyese la mitad de nuestros ordenadores y buena parte de nuestras instalaciones eléctricas. La última vez que algo así ocurrió fue en 1859, el llamado "evento Carrington", por el astrónomo que lo observó. En aquella época no había ordenadores que averiar, ni apenas tendidos eléctricos, de modo que pasó prácticamente desapercibido. El que fallasen un par de días las recién instaladas redes de telégrafos, o que algún telegrafista recibiese un calambrazo, resultó meramente anecdótico. Nuestra sociedad actual sí que es enormemente vulnerable si se repitiese. Al fin y al cabo, nuestro sol tan pacífico y señorial es un guiso hirviente en cuya superficie borbotean llamaradas mayores que todo nuestro planeta, y es bastante imprevisible cuándo producirá alguna realmente grande.

Tampoco hay motivos para preocuparnos por chocar con Júpiter o con la luna, sus trayectorias son enormemente estables, pero hay otras muchas cosas por ahí arriba que podrían darnos un buen susto. Nuestro vecindario está lleno de restos de todos los tamaños que pueden caernos encima en cualquier momento. Por suerte los más abundantes son muy pequeños, del tamaño de granos de arroz, y caen constantemente. Más grandes, hasta el tamaño de un coco suele caer alguno todos los años. Más grandes aún son muy peligrosos, y por suerte escasos, pero nada nos garantiza que estemos a salvo de uno realmente grande en cualquier momento. En la tierra hay cráteres que sabemos causados por algunos enormes, y debieron suponer auténticos cataclismos… Es posible que uno de ellos acabase con los dinosaurios, y el siguiente podría acabar con nosotros si no tenemos tecnología suficiente como para desviarlo a tiempo.

A parte de estas sorpresas, el universo es muy activo, pero se toma su tiempo. Las galaxias giran y se arremolinan en formas caprichosas, chocando de vez en cuando entre sí en indescriptibles escenas de canibalismo; pero eso les lleva miles de millones de años. Cada planeta se formó como una inmensa roca ardiente, a base del bombardeo de incontables meteoritos, se enfrían luego durante algún tiempo (como ahora está el nuestro) y por último son calcinados por la estrella que rodean cuando esta muere ¡Por suerte, para eso aún le quedan a la tierra unos cuantos miles de millones de años! Las estrellas, desde que nacen, son tremendos reactores nucleares enormemente radiactivos; finalmente explotan con fuerza indescriptible cuando acaban su combustible, liberando inmensas cantidades de energía que abrasan cualquier planeta próximo.

Por muy indiferentes o terribles que nos parezcan esos procesos, realmente estamos aquí gracias a ellos. Cuando se creó el universo no había carbono ni oxígeno ni casi ninguno de los átomos que nos forman, y los astrofísicos denominan "nucleosíntesis" al proceso que los generó. Eso tuvo lugar en generaciones de estrellas anteriores a las que hoy vemos en el cielo (seguramente sin planetas ya que sólo había hidrógeno). En aquellas calderas, las reacciones nucleares de fusión crearon todos los elementos que hoy existen, y de sus cenizas (dispersadas por el espacio al morir) salió la materia de la que estamos hechos. Desde luego la afirmación de que "estamos hechos de ceniza de estrellas" no es sólo poética.

¿En qué parte del universo vivimos? ¿Dónde está el centro?

Las personas siempre hemos preferido pensar que vivíamos en el centro de nuestro mundo. Para las primeras civilizaciones el mundo era plano, imaginando a su alrededor terribles abismos donde terminaba… por suerte eso quedaba lejos "del centro" en que vivían.

Cuando se convencieron de que la tierra era redonda, pensaron que todo el universo giraba a su alrededor: al fin y al cabo su movimiento de rotación diaria produce esa impresión, la misma que tenemos montados en un tiovivo.

Cuando se convencieron de que la tierra y todos los planetas giran en torno al sol, pensaron que al menos el sol era el centro del universo. Cuando descubrimos que estábamos dentro de una galaxia pensamos que ella era la única...

En realidad vivimos dentro de una galaxia corriente entre infinidad de otras parecidas, y estamos muy lejos de su centro, dando vueltas alrededor de una estrella bastante corriente.

Pero todo se puede ver de otro modo: ¿no es la tierra redonda? pues cada uno tiene derecho a imaginar que su casa está justo en el centro. Análogamente los astrónomos piensan que el universo es muy homogéneo (ningún punto privilegiado), por lo que también cualquiera tiene todo el derecho a considerar que vive justo en su centro.

Del mismo modo si nos preguntamos ¿dónde ocurrió el Big-Bang? Pues justo aquí mismo, donde estamos ahora… y en todas partes en realidad, ya que todo estuvo junto en aquel instante.

El universo es realmente inmenso, y todo cuanto vemos en el cielo en una noche clara es sólo un diminuto pedacito de él. De momento pensamos que es el único universo que existe, pero esta vez no nos atrevemos a descartar que pueda haber muchos más.

¿Podemos ir allí? (Naves espaciales)

Un tal Fred Hoyle dijo que "el universo no es remoto, está sólo a una hora en coche, si su coche pudiera ascender verticalmente". Realmente a 100 km hacia arriba y ya estamos fuera de la atmósfera.

El principal problema es que impulsarse es fácil mientras tenemos donde apoyarnos. Es muy sencillo por el suelo o el agua, algo más difícil por el aire (aunque globos, pájaros y aviones se apañen bastante bien). Pero ahí fuera está vacío, y eso cambia mucho las cosas. La única forma de manejarse allí es gracias al principio de acción y reacción, que supone cargar con grandes cantidades de material (combustible) para que nos empuje al dispararlo con enormes velocidades. En eso consisten los cohetes espaciales.

El espacio vacío tiene por contra una ventaja, y es que no hay rozamiento. Una vez puestos en marcha ya nunca nos paramos. Durante un viaje sólo necesitamos encender los cohetes si queremos cambiar de dirección o acelerar, y por supuesto a la llegada para frenar. También se pueden utilizar algunos trucos, como pasar muy cerca de algún planeta para que su atracción nos dé un empujón. Eso es un "juego de billar" complicado y arriesgado, pero ha permitido enviar algunas naves a los lugares más lejanos de nuestro sistema solar.

¿Alguien recuerda el módulo lunar posado sobre la luna? Medía unos 5 metros, y para llevarlos hasta allí hizo falta un cohete que medía 110 metros; y aún hoy no podríamos reducir gran cosa su tamaño. El impulso de un cohete es mayor cuánto más rápido expulse su combustible; de modo que el motor ideal, que menos combustible necesitaría, tendría que expulsarlo convertido en luz o plasma casi a la velocidad de la luz. Ello tendría un consumo tan tremendo que debería funcionar con una reacción nuclear; pero si se consiguiese, se harían realidad muchas de las películas de ciencia ficción, y sería bastante sencillo pasearnos por nuestro sistema solar. Incluso podríamos viajar casi tan rápido como la luz. Aún así llegar a otras estrellas no sería nada sencillo (están "demasiado" lejos).

Por cierto, de vez en cuando se propone utilizar globos para subir al espacio, pero estos realmente no son de gran ayuda si uno quiere separarse realmente de la tierra. Los globos aerostáticos flotan en la atmósfera, de modo que pueden ser útiles si queremos ascender unos cuantos kilómetros, pero eso es realmente muy poca altura si queremos llegar un poco más lejos. Si pudiesen llegar a alturas de 50 km ya serían interesantes para colocar algunos satélites o incluso para acercarse a la estación espacial internacional (que está a sólo 400 km). De todos modos seguiría siendo insignificante comparado con los 36.000 km que se necesitan para situar un satélite geoestacionario, o los casi 400.000 km a que está la luna.

¿Sería posible viajar por el espacio más rápido que la luz?

La relatividad de Einstein nos avisa de dos tipos de problemas, si estamos pensando en viajar o comunicarnos muy rápido. El primero es que cualquier vehículo que intentásemos acelerar (haciéndole ir ganando velocidad), al acercarse a la velocidad de la luz comenzaría a hacerse cada vez más y más pesado; hasta que resultase imposible seguir acelerándolo. La culpa es de la famosa ecuación $E=mc^2$, según la cual toda la energía que aportemos para acelerarlo (E) hace aumentar su masa (m) precisamente en esa proporción.

Pero esa dificultad "técnica" no es la única: Si pudiésemos trasladarnos más rápido que la luz sería sencillísimo viajar en el tiempo; como también sería muy sencillo conocer el futuro si nos pudiésemos comunicar más rápido que la luz con alguien alejado. Como ese tipo de cosas llevarían a muchas situaciones absurdas, todo parece indicar que serán realmente imposibles[1].

El universo es tan grande que esa limitación de la velocidad comienza a ser muy incómoda incluso sin salirnos de nuestro pequeño sistema solar. No es posible por ejemplo hablar por teléfono con Marte, el planeta más cercano a nosotros; porque la luz tarda en llegar entre 5 y 20 minutos, según por dónde se encuentre. De ese modo tras cada frase tocaría esperar entre 10 y 40 minutos para escuchar la respuesta. La luna está mucho más cerca, y apenas es incómodo tener que esperar un par de segundos; pero el resto de planetas están mucho más lejos, y los tiempos de comunicación a la velocidad de la luz tardan varias horas.

¿Cómo de alejados entre sí están los objetos del cielo?

Todos sabemos que los topógrafos pueden medir la altura de montañas y edificios sin tener que subirse a ellos; mediante distintos instrumentos ópticos y un poco de matemáticas. Muchas de las distancias a que están los objetos del cielo se han obtenido de forma similar. Una de las medidas más sencillas es determinar que el sol lo tenemos unas 400 veces más lejos que la luna. Eso parece que ya se conocía desde tiempos de la antigua Grecia, y desde luego les resultó muy impactante. Si ya la luna parece estar bastante lejos, resultaba que eso no era nada comparado con el sol, y además significaba que el sol debía ser 400 veces más grande que ella.

Saliéndonos de la tierra las cosas son tan grandes que no es fácil hacerse una idea de ello. Lo más cercano que tenemos por ahí fuera es la luna, y llegar a ella es tanto como dar 10 vueltas al mundo. En coche, a 120 km/h sin parar ni a repostar, tardaríamos más de cuatro meses, pero la luz llega en un segundo.

Por ese motivo no es nada práctico medir esas distancias en km, y resulta más sencillo referirse a lo que la luz tardaría en

---

1 Aunque existen algunos fenómenos que se propagan más rápido que la luz, ninguno de ellos sirve para transmitir información ni para transportar nada.

recorrerlas. Un "segundo luz" es la distancia que la luz recorre en un segundo, 300.000 km, y viene a ser la distancia a la luna. Llegar al sol en coche nos llevaría unos 140 años, está a unos 8 minutos luz. Marte varía entre 5 y 20 minutos-luz de distancia, y los demás planetas están aún más lejos, a varias horas-luz.

Ese es nuestro vecindario más próximo, que podríamos recorrer en algunas horas viajando a la velocidad de la luz. ¿Alguien se imagina la enorme distancia que recorreríamos viajando durante todo un año sin parar a esa fantástica velocidad? Pues eso sería un año-luz, y la estrella más cercana a nosotros (después del sol) está a 4 de esos años luz. Nuestra galaxia tiene forma de disco con unos 150.000 años luz de punta a punta y unos 20.000 años luz de espesor. Por si eso nos parece muy grande, basta salirse fuera de ella para encontrarse otras muchas galaxias similares, separadas unas de otras algunos millones de años luz. Puede parecer mucha separación entre ellas, pero dado el enorme tamaño del universo caben muchísimas... En concreto la parte del universo que podemos observar tiene unos 9.000 millones de años luz todo llenito de ellas.

Otra forma de haceros una idea de algunas distancias es imaginar un modelo a escala... por ejemplo reduciendo todo mil millones de veces. A esa escala, España mediría sólo 1 milímetro de extremo a extremo, la tierra tendría el tamaño de una aceituna y el sol sería poco más grande que una lavadora de 1'30 metros. Mercurio sería una mosca (5mm) revoloteando a unos 60m del sol, es decir, alrededor de nuestra manzana de edificios. Venus, la Tierra y Marte que son algo mayores parecerían aceitunas a esa escala, y andarían rondando por el barrio a varias calles de distancia (La Tierra a 150m del sol, Marte a 230m). Alejándonos más nos iríamos encontrando los planetas gigantes: El primero sería Júpiter del tamaño de un coco y a casi 1 km del sol; después Saturno con sus anillos y el tamaño de una naranja a kilómetro y medio; después Urano y Neptuno del tamaño de mandarinas a 3 km y 4.5 km... desde luego todos ellos en barrios bastante alejados. Nuestro último vecino conocido es el pequeño Plutón, a esta misma escala quedaría a unos 6 km de distancia ¡y con sólo un milímetro de tamaño! El objeto más lejano visitado por una sonda espacial (hasta enero de 2019) ha sido "Ultima Tule", un cuerpo que a esta escala quedaría a unos 6,5 km pero es tan pequeñito que sería sólo una mota de polvo en esta escala.

Lo primero que llama la atención es la cantidad de espacio vacío. A esa escala un asteroide sería menor que una mota de polvo, y necesitaría mucha puntería para ir a chocar con la tierra al visitar nuestro barrio. Esas colisiones fueron muy frecuentes mientras se formó el sistema solar porque eran enormemente abundantes, y si aún hoy existe algún riesgo de colisiones es porque aún quedan muchos de ellos.

Aunque esa enorme reducción de tamaños que hemos propuesto nos sirviese para imaginar al sol y sus planetas, fuera de sus dominios las cosas de nuevo son tan enormes que no sería nada práctico un mapa así. Para describir el universo completo necesitaríamos reducir todo otros mil millones de veces. A esa nueva escala nuestro sistema solar, incluido el lejano Plutón, pasaría a tener el tamaño de un microbio, la estrella más cercana a nosotros quedaría a unos 4 centímetros, y la galaxia llena de ellas ocuparía kilómetro y medio. A esta escala tan reducida, el universo entero sería más o menos del tamaño de la tierra, con la parte que podemos observar del tamaño de Europa, y las galaxias bastante parecidas a los pueblos y ciudades en tamaños y separación.

Como decía Carl Sagan en su novela Contact… ¡cuánto espacio desperdiciado si realmente sólo estamos nosotros en todo el universo!

¿Nos llega algo del cielo?

Ya he comentado que de él nos caen constantemente trocitos diminutos, y de tarde en tarde alguna roca algo más grande. Me voy a referir ahora a cosas más pequeñas, pero no por ello menos importantes, que llamamos radiación.

Desde luego la más importante para nosotros es la luz del sol. Suele decirse que nos proporciona toda la energía necesaria, pero los físicos sabemos que lo que realmente nos proporciona es baja entropía. Aunque en otro apartado he hablado de ello, baste comentar que nuestra energía total es casi siempre la misma, entre la que nos llega y la que perdemos, pero necesitamos aumentar constantemente nuestra entropía para existir.

Realmente la luz del sol que vemos (tanto nosotros como las plantas que se alimentan de ella) es sólo una pequeña parte de toda la radiación que nos envía. Aunque no la veamos, parte de ella se nota como calor (la radiación infrarroja), y parte por el enrojecimiento que puede provocar en nuestra piel (la radiación ultravioleta). De esta última, por suerte, sólo nos llega la más moderada (UV-A) gracias a que el oxígeno y ozono de la atmósfera detienen la más agresiva (UV-B y UV-C).

Del sol nos llega además una buena dosis de radiaciones ionizantes (radiactividad), que por suerte se queda atrapada por el campo magnético terrestre, y sólo se manifiesta en forma de hermosas auroras boreales.

De más allá del sol nos llegan también multitud de otras partículas radiactivas, denominadas rayos cósmicos, más energéticas y que no tenemos aún del todo claro de dónde provienen. Si extendemos una mano la estarán atravesando cada segundo unos 10 muones, y a todo nuestro cuerpo unos 20 cuando estamos en pie, y unos 100 por segundo mientras dormimos tumbados. Por suerte los seres vivos estamos adaptados a convivir sin problemas con ese nivel de radiación ¡y quién sabe si gracias a él fueron posibles todas las mutaciones que hicieron evolucionar la vida!

¿Se puede medir el brillo de las estrellas? ¿Se pueden contar?

Los astrónomos denominan "magnitud" al brillo de cada estrella, y parece que fueron los griegos hace 2500 años los primeros que las clasificaron en 6 categorías, según su intensidad: Las más brillantes (sólo unas 10 en todo el cielo) las llamaron "de primera magnitud", después las de segunda, ... y así hasta las que apenas se ven a simple vista, que llamaron "de sexta magnitud". Hoy se mantiene esta terminología, pero el brillo ya no se decide a ojo, sino con instrumentos muy sensibles; que permiten distinguir, por ejemplo, si una estrella es de magnitud 2'34 o 2'35.

A pesar de los miles de millones de ellas que hay en nuestra galaxia, sus enormes distancias hacen que sólo veamos a simple vista una pequeñísima fracción, las que tenemos más cerca. De hecho las diferencias de brillo son debidas no sólo a que sean más o menos luminosas, sino sobre todo a cómo de lejos están.

Como he comentado, sólo hay unas 10 de primera magnitud, y en la parte de cielo que podemos ver en una noche clara (algo menos de la mitad del total) normalmente no habrá más de 2 o 3. De 2ª magnitud hay unas 30, de 3ª unas 100, etc. En total a simple vista (hasta 6ª magnitud) sólo son unas 6 000… Con unos simples prismáticos se pueden ver muchas más, y un buen lugar donde mirar con ellos puede ser la "vía láctea"; una franja de aspecto lechoso que puede apreciarse con buena visibilidad, y que los antiguos no imaginaban qué podría ser. Parece ser que fue Galileo el primero en descubrir, con un pequeño telescopio, que se trataba de millones de estrellas tan débiles y abundantes que no se ven individualmente a simple vista. Fuera de nuestra galaxia hay millones y millones de otras galaxias, con cantidades de estrellas similares a la nuestra, pero ninguna de esas estrellas es visible a simple vista, y sólo algunas pocas con los mejores telescopios.

No sé si alguien se ha sorprendido al leer unos renglones más arriba que solo se ven en el cielo unas 6 000 estrellas.[1] En realidad sólo vemos una parte del cielo en cada momento, de modo que por muy buena visibilidad que tengamos raramente tendremos más de 2 000 de ellas sobre nuestras cabezas. ¿Verdad que parecen ser muchísimas más, cuando uno las admira en una noche estrellada? Para convencerse de que no son muchas más, es sencillo "contarlas" de forma

---

[1] En realidad vemos la mitad de la esfera celeste, pero en la parte próxima al horizonte no se ven las estrellas por taparlas la atmósfera. Téngase en cuenta cuánto se atenúa la luz del mismo sol cuando está cerca del horizonte.

aproximada. La próxima vez intente el siguiente procedimiento: Extienda un brazo y fíjese en la en la zona del cielo que cubre su mano abierta. Primero puede estimar cuántos "palmos" mide toda la zona del cielo que parece tenerlas... ¿tal vez 50? (unos 7 de ancho por 7 de largo). Después puede contar cuántas estrellas hay en la región que cubre su mano... ¿tal vez 30 o 40? ¡Pues la cuenta ya es fácil!

¿Quién es el lucero de la mañana y quién el de la tarde?

Las estrellas están en el cielo día y noche, pero son tan débiles que no comenzamos a verlas hasta que desaparece la luz del sol. Cuando eso ocurre, comenzamos por descubrir primero las más brillantes; y, si está en la posición adecuada, el planeta Venus es tan luminoso que será el primer puntito que llame nuestra atención. En esos casos se le suele llamar "lucero de la tarde". Lo que ocurre con él es que otras veces está en el "lado contrario" del sol, y entonces se ve un poco antes del amanecer; siendo la última "estrellita" en desaparecer, a medida que el cielo se va iluminando. Entonces se suele llamar "lucero de la mañana". En otras ocasiones, cuando está muy cerca del sol, no se puede ver ni al amanecer ni al anochecer. Aunque su brillo sea realmente espectacular, nunca dura demasiado en el cielo, porque nunca se aleja demasiado del sol; por ello nunca puede observarse en plena noche. Parece que fueron los romanos los que le dieron esos nombres de lucero de la mañana y lucero de la tarde, según cuándo se veía; pensando que eran dos estrellas distintas. Es especialmente vistoso observarlo con un pequeño telescopio, o incluso con alguna cámara que tenga unos 100 aumentos. Entonces se ve como una pequeña lunita, con sus "cuernos" apuntando siempre en dirección contraria al sol, igual que ocurre con la luna.

¿Qué produce las estaciones?

¿Se ha fijado usted en que los globos terráqueos se venden con el eje un poco inclinado? Eso no se hace por motivos estéticos, ni para que se vea mejor, Esa es realmente la inclinación del eje de la tierra (unos 23º) mientras se traslada alrededor del sol; y precisamente esa inclinación es la que determina las estaciones (determina además dónde están los círculos polar ártico y antártico, dónde están los trópicos, etc.)

Esa inclinación de la tierra hace que, según la época del año, unas u otras zonas tengan distinta orientación respecto al sol; y con ello su luz nos llegue de forma más "rasante" o más "frontal". Visto desde la tierra, ello significa que veamos el sol "más alto" o "más bajo", según la región y la estación del año en que nos encontremos. Ese es el motivo por el que es verano en nuestro hemisferio, mientras pasan frío en Sudáfrica; y al revés, se importen de esos países frutos de verano mientras aquí es invierno.

Desde luego, el que la tierra se acercase o alejase del sol sería también un buen motivo para que este nos calentase más o menos, pero la trayectoria de la tierra es muy parecida a una circunferencia perfecta. En concreto su distancia al sol oscila menos de un 2% arriba y abajo de su valor medio en todo el año; exactamente un 1.67%, que es lo que los astrónomos denominan "excentricidad".

¿Cómo saber más? ¿Cómo iniciarse en la astronomía?

Yo solía decir que no hay nada más sencillo, basta con asomarse un poco a la ventana por la noche y mirar arriba. Por desgracia cada vez hay más iluminación en las ciudades y es menos lo que se puede ver, pero aún así, si logramos alejarnos de cualquier farola el espectáculo seguramente merece la pena. Aunque la gente suele pensar que hacen falta carísimos telescopios, eso no es cierto… ¡salvo que uno quiera conseguir esas espectaculares fotografías que obtienen los profesionales, claro!

Con el cielo pasa algo parecido a la música…Para disfrutar de ella no hace falta un estudio de grabación. Puede uno comenzar por escucharla; y si se anima a interpretar algo, comenzar por algún instrumento sencillo.

En astronomía, una primera experiencia emocionante suele ser observar las estrellas de vez en cuando, descubrir que muchas tienen nombre propio, y aprender a reconocer algún planeta. También reconocer las constelaciones y entender cuándo se pueden ver y cuándo no. Mucha gente piensa que las estrellas cambian más o menos al azar en el cielo... ¡ni mucho menos! Existen mapas (como los hay de la tierra) que han cambiado poco desde los primeros, trazados miles de años atrás por las primeras civilizaciones.

De hecho, un primer instrumento sencillo y útil para cualquier aficionado es un planisferio: Un pequeño plano del cielo con el que, por ejemplo, se puede predecir qué parte del cielo es visible cada época del año, o a qué hora sale y se pone el sol. Existen también muchas aplicaciones para un teléfono móvil que muestran qué parte del cielo vemos en cada momento, y el nombre de los planetas o principales estrellas.

Como ya he comentado, unos humildes prismáticos nos permiten ver aún más cosas. Incluso los más sencillos permiten descubrir cientos de estrellas invisibles a simple vista y revelar detalles curiosos en algunos puntos del cielo. Mucha gente piensa que la principal utilidad de unos prismáticos es ver las cosas más grandes y más cerca, pero para observar el cielo cumplen realmente otra función: sus grandes lentes captan mucha más luz que la pequeña pupila de nuestros ojos. Por ello nos permiten ver estrellas más débiles que a simple vista... pero también por ello **jamás debemos mirar al sol con ellos**, si no queremos quedarnos ciegos casi al instante.

Termino casi como comencé: disfrutar de un bonito cielo requiere alejarnos un poco de las ciudades. En ellas la luz de farolas y anuncios no sólo oculta el débil brillo de las estrellas, sino que impide a nuestros ojos adaptarse alcanzando la mejor sensibilidad para verlas. Lo ideal, para disfrutar de un cielo estrellado espectacular, es encontrar una zona sin luces artificiales (y a poder ser sin luna llena), y olvidarse de linternas o faros de coches: Tras permanecer un rato en la oscuridad, nuestros ojos se vuelven mucho más sensibles y sólo entonces puede apreciarse el cielo estrellado en todo su esplendor. Por cierto, si necesitamos algo de luz para no tropezar, es preferible que sea débil y de color rojo, porque deslumbra menos, y permitirá a nuestra vista seguir adaptada a la oscuridad.

Finalmente, a cualquiera que le interese el tema le animaría a buscar más información. Por poner algunos ejemplos:

El **"Cosmos"** de **Carl Sagan.** Un texto especialmente sencillo, atractivo y bien escrito. Se hizo en paralelo a una serie de divulgación para televisión que es posible encontrar también en youtube.

Revistas de Astronomía. (o publicaciones similares). Las puede uno encontrar en cualquier quiosco. Parecida a otras de divulgación como "Muy Interesante" o "Newton", pero especializadas en astronomía.

Libros divulgativos. Existen muchos que pueden encontrarse en cualquier librería o en instituciones como un planetario. Por cierto, los planetarios son buenos lugares donde aprender muchas más cosas sobre el cielo.

Internet. La fuente más cómoda de encontrar información, también lo es para el cielo. Allí, aparte de multitud de consejos, información o fotografías; también tenemos aplicaciones que instalar en un teléfono móvil, y que nos permitan identificar planetas, estrellas o constelaciones.

EMULANDO A ERATÓSTENES

Cullera y Xeraco son dos poblaciones de la costa valenciana separadas unos 15 km en línea recta. Como muestra el mapa, la curvatura del litoral permite ver a cada una desde la otra.

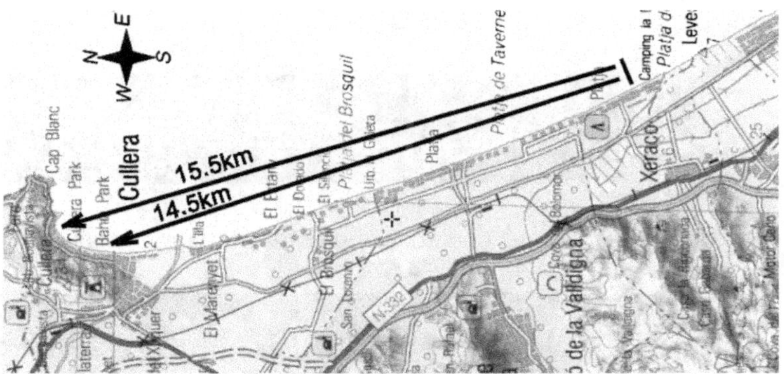

De día, vista desde Xeraco, Cullera suele tener el aspecto de la siguiente fotografía. A la izquierda se aprecian los primeros edificios de Tabernes, otra población más cercana. A lo lejos Cullera y su playa de S. Antonio, con el faro de Cap Blanc apenas visible en el extremo derecho.

Una noche de finales de junio, paseando por la playa de Xeraco, contemplaba la iluminación de la playa de San Antonio, como muestra la siguiente imagen (a la misma escala que la anterior). De noche sí que destaca el faro de Cap Blanc, el último puntito luminoso a la derecha con su parpadeo.

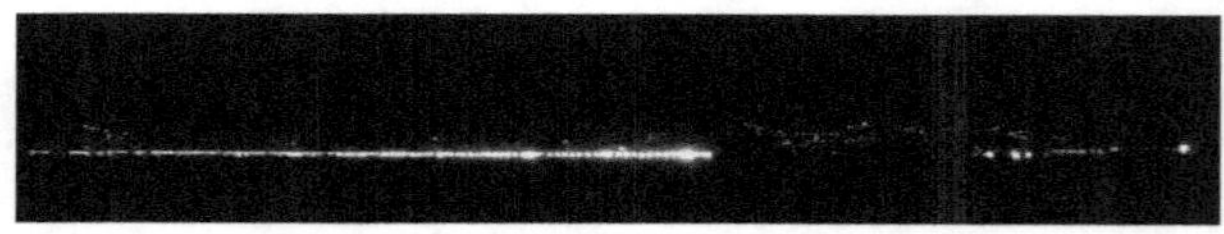

De repente descubrí que algunas de las luces más lejanas desaparecían si me agachaba un poco

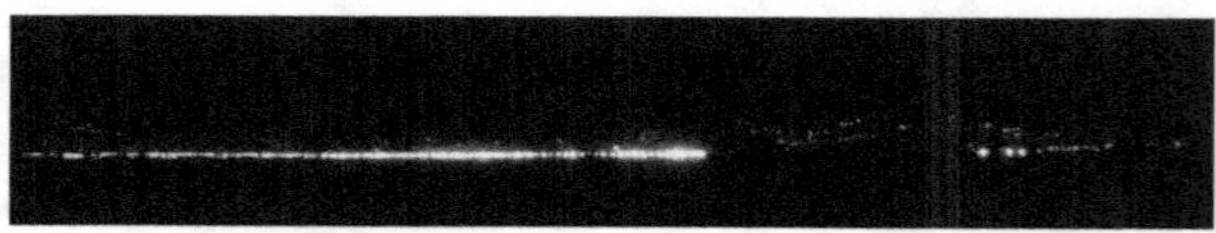

Y también otras más cercanas si me agachaba aún más

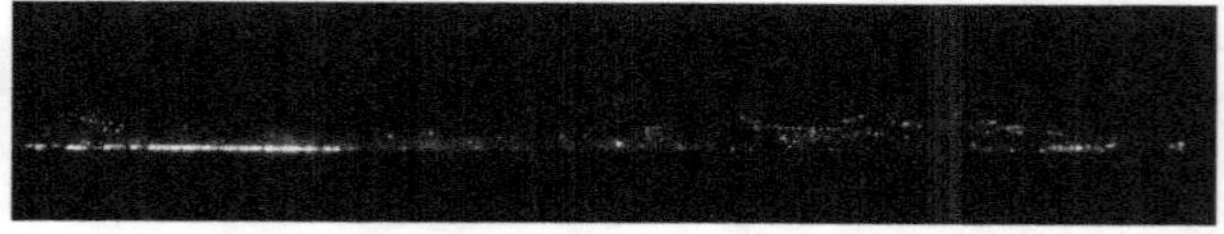

De hecho bajando a menos de 1m sobre el nivel del mar ya no se veía ninguna luz de la playa de S. Antonio, sólo las más elevadas de los edificios. Entonces comprendí que estaba observando la curvatura de la superficie del agua, que ya no es despreciable en 15 km.

La distancia de aquellas luces la podía encontrar en cualquier mapa, de modo que me bastaría con saber a qué altura estaban sobre el nivel del mar para poder deducir la curvatura del agua, es decir ¡el radio de la tierra!

La geometría necesaria no es muy complicada. La figura muestra dos puntos con alturas *h* y *H* (observador y luces), a la distancia en que la superficie curva del mar comienza a ocultar al uno del otro. Por favor, ignore las siguientes matemáticas si no está acostumbrado a ellas; aunque quien pueda seguirlas apreciará que no es difícil encontrar la relación entre ambas alturas, la distancia que las separa *d*, y el radio terrestre *R*:

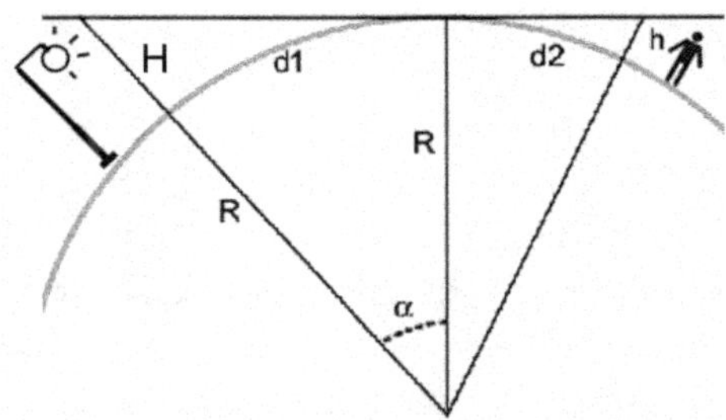

Sobre la figura se aprecia que $(R+H)\cos\alpha = R$ de donde $\frac{H}{R} = \frac{1}{\cos\alpha} - 1 \approx \frac{\alpha^2}{2} = \frac{1}{2}\left(\frac{d_1}{R}\right)^2$, como α es pequeño podemos aproximar $\cos\alpha \approx 1 - \alpha^2/2$ de modo que $\sqrt{2RH} \approx d_1$. Con ello, para $d_1+d_2=d$, queda $\sqrt{2RH} + \sqrt{2Rh} \approx d$, y por tanto $\sqrt{2R}(\sqrt{H} + \sqrt{h}) \approx d$, o $R \approx \frac{1}{2}d^2/\left(\sqrt{H} + \sqrt{h}\right)^2$. Ésta última expresión, nos proporciona el radio terrestre si tenemos una calculadora y conocemos ambas alturas y la distancia entre ellas.

Al día siguiente me acerqué a Cullera. Las farolas tienen una considerable altura[1], unos 8.5m sobre el pavimento que a su vez está unos 1.5m sobre el nivel del mar (para el estado de marea que creo tenía aquella noche). Por tanto aproximadamente H≈10m.

---

1 Nótese que con luces a menos altura el efecto se observaría sin tener que estar tan alejados. Por ejemplo para una altura de 1.5m bastaría con sólo 9 km de distancia. Eso significa que la prueba podrían hacerla con una linterna dos personas en orillas opuestas de un lago que permitiese esa separación.

La foto donde comienzan a ocultarse las luces más lejanas de la playa (las que están a d=15.5 km) estimo que la tomé a unos h≈2.1m sobre el nivel del mar, de modo que resultaría para la tierra un radio de R≈5650 km. La segunda foto, donde ya sólo se ve la mitad de las luces, la tomé medio metro más abajo, es decir h≈1.6m. Estimando una distancia d≈15 km para las últimas luces visibles, resulta R≈5740 km. Ambos valores difieren entre un 10% y un 11% del verdadero valor R=6366 km para el radio de la tierra, lo cual no está nada mal para un simple paseo playero[1].

Que se sepa, el primero en estimar el tamaño de la tierra fue Eratóstenes (del 276 al 194 a de C.), aunque sin emplear el mar. Él utilizó la distinta inclinación (unos 7 grados) de las sombras producidas por el sol en el solsticio de verano en dos puntos de la tierra bastante alejados. En el solsticio el sol queda en su punto más alto de todo el año. Ello no tiene nada de especial para ese razonamiento (cualquier otra posición del sol serviría igual) pero sí era importante para Eratóstenes, que no podía viajar ni comunicarse con rapidez entre ambos lugares: Durante un solsticio observó lo que ocurría en Alejandría y al año siguiente durante otro solsticio observó lo que estaba ocurriendo en el mismo momento en Siena (la actual Asuan de Egipto).

Para ello necesitó que alguien le midiese la distancia entre esos dos puntos, mucho mayor que mis 15 km (más de 800 km entre Siena y Alejandría). La figura ilustra su razonamiento: si 800 km de separación corresponden a un ángulo de unos 7°, es fácil calcular cuántos km debemos recorrer para girar los 360° de la vuelta completa a la tierra.

---

[1] Probablemente sería cuestión de medir mejor la altura de esas farolas o de mi cámara sobre el nivel del mar. La refracción de la luz en la atmósfera altera ligeramente la curvatura de la luz, y seguramente contribuya también a esa discrepancia.

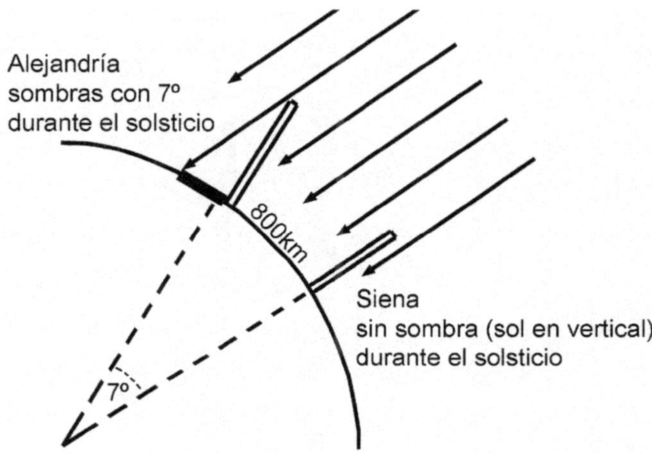

Casualmente también era el solsticio de verano cuando yo hice mis medidas, aunque en mi caso no importaba dónde estuviese el sol. La ventaja de mi método es que necesita distancias más cortas y me parece más divertido. Me encantó ver desaparecer más o menos luces de la costa con solo agacharme un poco más o menos.

Ahora que tenemos por ahí gente volviendo a pensar que la tierra es plana, animo a todos a probar por sí mismos ejemplos similares si tienen ocasión.

¿PERO SABE ALGUIEN QUÉ ES REALMENTE EL TIEMPO?

Mundos paralelos, Multiverso, tiempo sin tiempo,...

Pocas cosas tan cotidianas como el tiempo, nos parecen a la vez tan tremendamente simples y misteriosas. Bueno, en realidad hay muchas más... Respiramos, late nuestro corazón, vemos, oímos, y un sinfín más, ¡sin necesidad de saber cómo ocurren!

Si alguien nos pide "un momento", desde luego todos le entendemos perfectamente, aunque no tengamos ni idea de qué está hecho eso que "le damos" accediendo a su petición.

Al menos, el funcionamiento de nuestros organismos y cuanto nos rodea lo van entendiendo la física, la biología, la medicina, la bioquímica y otras muchas ciencias; que poco a poco van desentrañando los mecanismos de los seres vivos.

En el caso del tiempo, curiosamente, la ciencia no para de acumular "pistas" pero seguimos sin una explicación consensuada sobre lo que es. Mi objetivo será aquí exponer mi visión particular de "la historia", y hacerlo desde esas pistas que los físicos llevamos ya reunidas. Como veremos, mi propuesta tiene algunas similitudes con otras ya conocidas, como el Multiverso de H. Everett o la Platonia de J. Barbour.

Sería interminable repasar la cantidad de intentos que cada generación de filósofos ha ido dando al enigma del tiempo. Siendo de lo más variadas, durante los casi 22 siglos que van de Platón hasta Kant (y casi 3 más hasta nosotros), quizá mi favorita sea la forma en que Agustín de Hipona declaraba su desconcierto al respecto:

"*¿Qué es, pues, el tiempo? Si nadie me lo pregunta, lo sé; pero si quiero explicárselo al que me lo pregunta, no lo sé*".

¿Verdad que todos nos sentimos un poco partícipes de esa sensación? Refleja lo sencillo y cotidiano que nos resulta manejarnos con el tiempo, y la tremenda dificultad de saber en qué consiste exactamente.

Desde luego, para esta tarea la filosofía por sí sola no es el camino, y mi ejemplo favorito para ilustrarlo es la relatividad de Einstein. Utilizando algunos sencillos resultados de física (básicamente Electro Magnetismo y Mecánica), él nos mostró que el tiempo se puede estirar o contraer; de modo que un intervalo que para alguien dure t, puede durar exactamente $t'=t/\sqrt{1-v^2/c^2}$ para otro que se mueva respecto él, según las llamadas transformaciones de Lorentz[1]. Y no se trata del tiempo subjetivo, que se nos pueda hacer más o menos largo; sino del que marca cualquier reloj, especialmente los más exactos atómicos que coordinan nuestros GPSs. Desde luego ni rastro de nada similar en todos los eruditos tratados de teología o filosofía, escritos durante siglos por los mayores pensadores como Aristóteles, Kant, Heidegger, etc. Es como si durante generaciones hubiesen estado cavilando porqué todos los animales tienen dos o cuatro patas, hasta que un humilde naturalista les avisase que pulpos y arañas tienen ocho[2].

---

1 El origen de esa expresión en la sección sobre la teoría de la Relatividad.

2 A pesar de todo es mucho lo que le debemos a la filosofía. Para empezar el habernos planteado desde muy antiguo preguntas como "qué es el tiempo", y desde luego el insistir en que las respuestas deben buscarse usando la razón. Realmente el valor de la filosofía es más el de plantear preguntas que el de encontrar respuestas.

De entre todas las interpretaciones filosóficas del tiempo, comentaré sólo la de Kant. Para él, espacio y tiempo son creaciones de nuestra mente para interpretar el universo. Discrepando sólo un poco de él, hoy sabemos que hay dos versiones del universo. Una es la "real", en que el universo existe en toda su complejidad y grandiosidad ahí fuera. La otra es la generada por nuestros cerebros para interpretarlo en base a lo percibido por los sentidos. Esta segunda versión subjetiva es lo que hoy llamaríamos una recreación "virtual". Como ejemplo, nada tiene que ver nuestra percepción de un puñado de nieve blanca, con la verdadera estructura molecular microscópica y casi vacía de esa sustancia. Tampoco es lo mismo la compleja composición en frecuencias y fases de la radiación que emite o refleja, que la pequeña parte de ella que nuestros ojos perciben para darnos idea de su aspecto. En definitiva, mientras que el espacio (y quizá el tiempo) son características "reales" del universo; nuestra percepción de ambos es una ilusión, generada por nuestros cerebros al estilo de Kant. La versión del universo que existe en nuestra cabeza no es más que un mapa aproximado de la realidad externa, que nos permite interaccionar con ella. Desde luego, lo bien que nos desenvolvemos en nuestro entorno todos los seres con cerebro, indica que nuestros "mapas de la realidad exterior" son enormemente fiables. Hasta tal punto es así, que raramente nos damos cuenta de la diferencia entre ambas versiones. Si por ejemplo, mis oídos captan lo que parecen ser pasos a mi espalda, mi cerebro genera una persona detrás de mí y me sugiere volverme a ver cómo es. Si al mirar atrás, mis ojos sólo captan un cartón volteado por el viento; con esa información adicional reinterpreto mi entorno, y borro de mi mapa al supuesto acompañante. Si por el contrario no veo nada, la contradicción entre ambos sentidos me dejará muy inquieto hasta que busque otra explicación, como por ejemplo que se trató del eco de mis propias pisadas.

Las limitaciones de nuestra "intuición" sobre cómo se comportan las cosas, sólo saltan a la vista cuando algunos experimentos nos muestran información o comportamientos ajenos a nuestra experiencia. Ese es, por ejemplo, el caso de los efectos cuánticos y relativistas que tan extraños nos resultan, y es el origen de la dificultad para entenderlos. De modo similar; aunque las características de la realidad descubiertas por la física no sean creaciones de nuestras mentes sino verdaderas propiedades del universo, los símbolos y ecuaciones con que las representamos sí que son construcciones nuestras, modelos de la realidad que utilizamos para describirla y entenderla.

Volviendo al tiempo, no pretendo cuestionar lo mucho que la filosofía y la psicología puedan aportarnos sobre nuestra percepción subjetiva de él. Pero desde luego, si de verdad queremos analizar en qué consiste ese ingrediente del "mundo exterior", nada como volver la vista a lo que la física nos dice con seguridad sobre cómo funciona el universo. Básicamente, ello significa que cualquier propuesta sobre la naturaleza del tiempo, tendrá que ser compatible con su papel en la Termodinámica y la Mecánica (Clásica, Cuántica y Relativista). Esto es, las ramas de la física más básicas que describen cómo se comporta ese tiempo. De hecho en ellas se encuentran las más recientes interpretaciones sobre su naturaleza.

Mi plan será básicamente comenzar por plantear cómo propongo interpretar el tiempo, y luego comprobar que ello encaja correctamente con todo lo que los físicos sabemos de él. Lo primero será por tanto una sugerencia personal, no "ciencia bien establecida"; pero resultará una estupenda excusa para repasar varios resultados interesantes de la "física bien establecida", desde la entropía y la relatividad a la mecánica cuántica.[1]

---

[1] A quien le interese leer más sobre este tipo de enfoque, le recomendaría el libro de Carlo Rovelli "El orden del tiempo", Ed. Anagrama. Igual que haremos aquí, ese autor expone su personal interpretación de lo que es el tiempo (similar a la aquí expuesta aunque con algunas diferencias), basándose también en lo que la física conoce con certeza sobre su comportamiento.

Viviendo en Babelia

La afirmación "El tiempo es la forma que tiene la naturaleza de evitar que todo ocurra a la vez" suele atribuirse a J. A. Wheeler, y es para mi gusto la mejor descripción breve de lo que es realmente el tiempo. El universo es de una sorprendente complejidad y variedad, pudiendo existir de muchas formas diferentes. En mi opinión, lo que llamamos tiempo es una medida de la separación entre los distintos estados en que puede encontrarse el universo. Es decir, el tiempo es una forma de clasificar sus distintas formas de existir, y la forma de percibir y describir sus diferencias.

Como ejemplo cotidiano, yo puedo existir duchándome, comiendo, escribiendo, durmiendo o charlando con mis amigos; y toda esa variedad es posible gracias a que algunas de esas cosas ocurrieron ayer, otras ahora y otras esta tarde. Es decir, yo puedo existir en muchas versiones diferentes, y a la separación entre ellas le llamamos tiempo.

En esta interpretación, el universo no es más que una colección de presentes, y el tiempo es sólo "un índice" que nos permite ordenarlos. De este modo, nuestra sensación de que el tiempo "transcurre" sería sólo una ilusión, aunque el tiempo sea plenamente real entendido como una medida del cambio.

Esta concepción del universo como una colección de presentes no es nueva. Como ya he indicado, mantiene muchas similitudes con el Multiverso de H. Everett y quizá más aún con la Platonia de J.Barbour. Quizá mi principal contribución sean algunas matizaciones que, como veremos, pueden tener consecuencias interesantes.

La primera objeción que se nos ocurre al pensar en el universo como una colección de presentes, es nuestra clara sensación de que el tiempo fluye. En todo momento nos sentimos en un presente; con el tiempo "corriendo" para dejar atrás momentos percibidos como pasado, a la vez que intuimos otros como futuro. También es clarísima la diferencia entre el pasado, que guardan nuestros recuerdos, y el futuro, sobre el que sólo podemos conjeturar.

Pero... ¿acaso no es esa exactamente la misma sensación que percibimos viendo una película? De ella sabemos que no es más que una colección de fotogramas, colocados por orden en una cinta o en la memoria de un disco. La pantalla simplemente los recorre mostrándonoslos en orden, y es nuestro cerebro el que genera la ilusión perfecta de que la historia transcurre. En cada instante vemos un solo fotograma y, al igual que en la vida real, vamos recordando los ya vistos mientras sólo podemos conjeturar los siguientes (si no hemos visto antes la película).

Lo mismo nos ocurre al leer una novela. Puede ser perfecta la sensación de que el relato fluye o que transcurre la historia y están vivos sus personajes; pero sabemos que cada página y cada frase es un presente congelado en nuestras manos. A diferencia de la vida real, en esos dos ejemplos podemos volver a dar vida a esos presentes cuanto queramos, rebobinando o releyendo el párrafo elegido. Haciéndolos transcurrir ante nuestros ojos, podemos repetir cuantas veces queramos la magia de que la acción vuelve a ocurrir. En nuestra vida real podemos hacer algo parecido, rememorando recuerdos, que no son más que grabaciones más o menos estáticas en nuestro cerebro.

Otro detalle importante es que, tanto en la película como en el libro, la historia se nos puede presentar desordenada; comenzando quizá por la muerte del protagonista, para luego conocer su niñez o juventud con los saltos que el guionista desee. En todo caso nuestro cerebro se encargará de poner en orden todos esos sucesos y generar la historia completa. De hecho, si no logramos ponerlos en orden, es fácil que nos sintamos desorientados, y que la historia nos parezca absurda. También de nuestra vida real guardamos recuerdos, que normalmente podemos poner en orden sin mucho esfuerzo, y nos resulta muy desagradable cuando no lo logramos. En definitiva, necesitamos ordenar los sucesos para que "encajen" unos con otros; y llamamos "tiempo" al índice con que los "numeramos" una vez ordenados.

Nótese que en esta interpretación no es el tiempo el que "discurre" ante nosotros, sino más bien nosotros los que discurrimos a través del tiempo, como si recorriésemos páginas o fotogramas dándole vida a la historia. Aunque la percepción sea la misma, ambas interpretaciones son muy distintas. Se podría comparar con lo diferente que es navegar por el agua de un lago o estar a la orilla de un río, aunque en ambos casos se note la misma fuerza si metemos la mano en la corriente de agua. En el modelo del tiempo como una colección de presentes estáticos, somos nosotros los que navegamos a través de ellos, y nuestra consciencia la que nos genera esa sensación de flujo al enlazarlos.

Lo anterior muestra que tener la sensación de que el tiempo "transcurre" no demuestra que realmente "transcurra", ni tampoco que pasados y futuros sean diferentes de cualquier presente. Si aceptamos que el tiempo es sólo una ilusión; entonces lo que sí habrá que explicar es cómo es que esa "ilusión" puede medirse con instrumentos tan precisos como un reloj, y cómo somos capaces de saber en qué orden ocurren distintos sucesos. Pero sobre todo, por qué percibimos de modo tan distinto pasado y futuro, si es que simplemente son distintos presentes colocados antes o después del actual. Como veremos más adelante, la clave para esto último se llama Entropía aunque los efectos cuánticos también tienen algo que aportar.

Este tipo de universo con una historia única se suele denominar "universo bloque", y sería bastante similar al que propone la Relatividad de Einstein. En ella suelen mostrarse diagramas con un eje marcando la dirección del tiempo, el presente es una de sus capas, y un bloque completo representa pasado y futuro en forma de capas superpuestas.

Por cierto, quien conozca algo la Relatividad sabrá que hablar de "presentes" no es nada trivial, por ello dedicaremos un apartado a explicar cómo encaja nuestro modelo con los efectos relativistas.

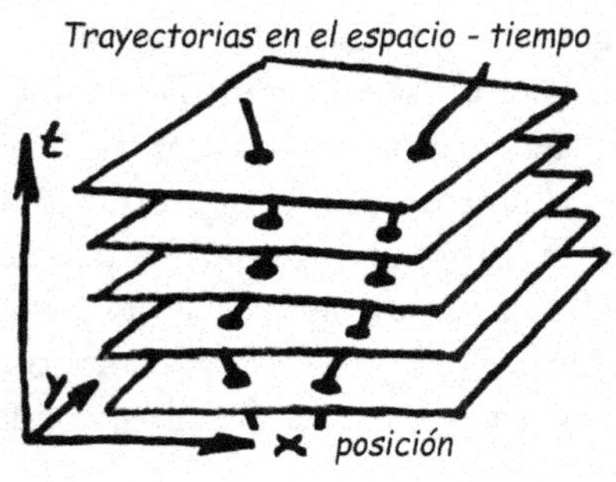

El Universo como un bloque. Cada capa representa el espacio (reducido a dos dimensiones) en un tiempo diferente. Cada una es el futuro de las que tiene debajo, y el pasado de las que tiene por encima. Las trayectorias indicadas serían las historias de un par de puntos moviéndose en las dos direcciones espaciales a medida que pasa el tiempo en la vertical.

Un primer resultado de esta visión es ayudarnos a entender que el tiempo pudo tener un origen, y que no tiene sentido hablar de instantes anteriores a ese origen. Preguntarnos ¿qué ocurría antes del Big-Bang? es como si los personajes de una novela se preguntasen ¿qué pone sobre nosotros antes de la primera página? No hay un "antes de la primera página", el tiempo del relato sólo está "dentro del relato". Quizá el primero en tener esto claro fue Agustín de Hipona cuando a la pregunta ¿qué hacía Dios antes de crear el universo? contestaba que no había un tiempo "antes" de ser creado el tiempo[1]. Consideraba que Dios estaba fuera de nuestro tiempo, y que para él todos los instantes pasados o futuros eran igualmente presentes. Es exactamente la misma situación de un autor ante su novela, puede intervenir si quiere en la historia de sus personajes, pero él existe fuera del tiempo de su relato.

Una objeción a esta visión de la historia como una colección de presentes "ya decididos", es nuestra sensación de libertad, nuestra sensación de poder elegir el futuro en cada momento. De nuevo esa "sensación" no demuestra nada. Tampoco sabemos lo que ocurrirá tras cada escena, la primera vez que

---

1 Agustín de Hipona (San Agustín para la Iglesia Católica) comenta que, a esa pregunta de qué hacía Dios antes de crear el universo, era famosa en su época la respuesta "preparaba los infiernos para quien hiciese semejantes preguntas".

vemos una novela o película; pero tenemos claro que todo está ya decidido desde antes que comprásemos el libro o la entrada al cine. Que el universo funcionase así es una inquietante posibilidad, que se ajustaría a la idea de predestinación. En un universo regido por las leyes clásicas esa sería la situación más probable ya que, evolucionando según ellas, el estado del universo en cualquier instante determinaría todos los demás instantes. La sensación de que el futuro "está por decidir" sería en tal caso otra ilusión; fruto de nuestra incapacidad de predecirlo, por desconocer los suficientes detalles de cada instante. No obstante, ese no tiene por qué ser el caso aunque el universo sea una colección de presentes. De hecho, como veremos, eso es lo que parece mostrarnos la descripción cuántica de la naturaleza.

Para explicar que, en un universo formado por una colección de presentes, el futuro no tenga por qué "estar escrito" de antemano, volveré a los libros. A mis hijas les encantaba una serie de relatos titulada algo así como "Elige tu propia historia". En ellos, cada página contaba unos pocos sucesos, y al terminar pedía elegir al lector...

Si decides comprar los zapatos, pasa a la página 27.
Si decides comprar el sombrero, pasa a la página 84.
Si decides salir de la tienda sin comprar nada, pasa a la página 53.

De ese modo el lector podía decidir el curso de su historia constantemente, y cada lectura del libro podría ser distinta. Nuestro universo bien podría estar hecho así. Seguiría siendo una colección de presentes, pero en cada momento podríamos elegir. Un universo así se ramificaría constantemente en muchas historias paralelas que convivirían. En uno de esos universos viviría una versión de nosotros que recordaría haber comprado los zaparos, en otro un clon nuestro recordando haber comprado el sombrero. Al elegir, simplemente estaríamos decidiendo qué historia preferimos experimentar y qué recuerdos deseamos tener.

El "Multiverso" de H. Everett plantea ese desdoble de historias desde el nivel más básico. Viene sugerido por la mecánica cuántica, y plantea un universo que se ramifica en universos alternativos de forma constante en casi cada movimiento de cada átomo que lo constituye. El multiverso que pretendo describir aquí, coincide con el de Everett en considerar esas historias paralelas, pero difiere de él en no necesitar desdoblarse entero en cada decisión, y en contener muchas más historias (de hecho quizá todas las imaginables). Al igual que los libros "multi-aventura" descritos, un sólo ejemplar puede contener varias historias sin necesidad de un volumen separado para cada una. Lo único que se necesita, es algún procedimiento que determine el orden en que deben seguirse las páginas, es decir, el orden en que se enlazan los sucesivos presentes.

Por facilitar el referirme al modelo que estoy presentando, lo bautizaré como "Babelia". En un relato ya famoso, J. L. Borges imaginó una biblioteca que llamó "de Babel", conteniendo todos los libros posibles. El número de ellos sería tremendo pero no infinito, si limitamos el número de páginas que contengan, así como el número de caracteres y el alfabeto con que estén escritas. El universo que estoy describiendo sería más bien un solo libro con todas las páginas imaginables; y eligiendo las adecuadas en orden se podría componer cualquier historia. Semejante libro podría sustituir a la biblioteca de Babel, aunque contando con un sólo volumen y ocupando mucho menos sitio. El Multiverso de Everett se parecería más a la biblioteca de Babel, con un ejemplar distinto para cada historia. Babelia me parece una buena variante del nombre, para denominar la versión aquí propuesta de un solo libro conteniendo todas las páginas posibles.

Nótese que la principal diferencia entre el multiverso de Everett y nuestra Babelia es el papel que juega el tiempo. En la versión de Everett el tiempo no se cuestiona, simplemente es algo que avanza a medida que el universo se desdobla en otros nuevos. En nuestra Babelia todos los estados posibles existen ya, y el tiempo de cada historia es sólo un recorrido por algunos de ellos, pudiendo ser diferente para cada historia particular.

La medida del cambio

Intentaré ir desgranando en lo sucesivo las cuestiones que acabo de plantear. En primer lugar explicar cómo es que el tiempo se puede medir siendo sólo una ilusión.

Para comenzar, téngase en cuenta que no hemos afirmado que el tiempo sea "sólo" una ilusión. La ilusión es la forma en que lo percibimos como algo que transcurre desde el pasado hacia el futuro. El tiempo podría considerarse como una medida de la separación entre diferentes estados del universo, y como tal, algo totalmente real. En el ejemplo de la película, la sensación de movimiento es una ilusión, pero el número de fotogramas que separan dos escenas diferentes es algo real, que podemos contar objetivamente. Veamos cómo medir ese tiempo-separación.

Imaginemos el vuelo de una flecha desde el arquero a la diana. La flecha en el arco es un presente, y la flecha en la diana otro. Entre ambos estados hay una diferencia que llamamos tiempo. Normalmente esa diferencia de tiempos es pequeña, porque las flechas son muy rápidas, pero... ¿qué significa ser rápido? ¿qué significa ser mucho o poco tiempo? Realmente lo que significan esas afirmaciones son simples comparaciones. Consideramos rápida la flecha por serlo más que nuestros movimientos habituales, aunque parecerá muy lenta captada con una cámara de alta velocidad, o comparada con una bala. Decimos que tarda poco porque lo comparamos con el tiempo que nos llevan nuestras tareas cotidianas, aunque si nuestro teléfono tardase ese tiempo en cada bit procesado nos parecería insoportablemente lento.

Por ello nuestra sensación de tiempo transcurrido surge de la comparación con el funcionamiento de nuestros cuerpos o nuestros pensamientos. Esos no funcionan a ritmo completamente fijo, y por ello a veces un mismo tiempo se nos hace más o menos largo.

Como toda medida, para resultar objetiva y fiable debe consistir en comparar con una unidad patrón fija del mismo tipo, ya sea masa, distancia, dinero, etc. Nuestros relojes son patrones de cambio. Ya sean mecánicos, electrónicos o atómicos, un reloj es un sistema que cambia de forma muy regular y con el que podemos comparar el resto de cambios.

Normalmente utilizamos patrones de cambio con distinta velocidad según lo medido. En un reloj de agujas, bien podría considerarse cada manecilla como un reloj distinto marchando a su propio ritmo. Para saber si llegamos puntuales a una cita nos fijamos en la de los minutos, para saber en qué momento del día estamos miramos la de las horas, para saber cuánto tardamos en abrir un sobre miraríamos la de los segundos. Lo mismo ocurre cuando utilizamos milímetros, metros o kilómetros según midamos una hormiga, una casa o un país. Por suerte en las medidas de longitud nos hemos puesto de acuerdo en elegir un sistema decimal, de modo que mil milímetros sean un metro y mil metros un kilómetro; mientras que con el tiempo las relaciones entre segundos, minutos, días, semanas, años, etc. siguen siendo muy irregulares.

Lo esencial de esas manecillas es su coordinación, el que por cada vuelta de la más pequeña la mayor siempre avance lo mismo. Cualquier otra cosa que mantenga esa misma coordinación se puede usar como reloj. Así, uno digital nos sirve igual que el analógico, aunque su aspecto y funcionamiento sean totalmente diferentes; lo importante es que por cada número que pasa en uno, avance lo mismo la aguja del otro. De hecho, la naturaleza nos brinda multitud de "relojes" que utilizábamos antes de saber construirlos. La luna, el sol, las estaciones del año llevan ritmos diferentes, pero guardan entre ellos proporciones ordenadas: entre cada dos lunas llenas transcurren el mismo número de días, entre cada dos inviernos hay el mismo número de lunas llenas, etc.

En definitiva, la sensación de ser distinto tiempo entre dos "presentes", surge simplemente de comparar sus diferencias. El tiempo transcurrido entre ambos es simplemente una medida de cuántos presentes podemos intercalar entre ellos. Medir el tiempo de un cambio no es más que compararlo con algún otro pequeño cambio elegido como patrón, ya sean las veces que hemos respirado o las veces que ha hecho tic algún reloj.

Visto así, ya sólo nos quedaría explicar cómo es que hay en el universo tantas cosas que pueden usarse como relojes, por cambiar coordinadas y a un ritmo uniforme.

Un buen reloj es cualquier suceso que se repita periódicamente sincronizado con otros relojes. La naturaleza nos brinda multitud de ellos; desde el movimiento de los astros, a las vibraciones de los cristales que marcan el ritmo de los electrónicos y de cualquier ordenador, o las frecuencias de resonancia[1] del más pequeño de nuestro átomos. Desde luego la condición de que todos marchen a ritmo uniforme no es necesaria, con tal de marchar coordinados su ritmo no importa. ¡Si todos los relojes del universo acelerasen o se ralentizasen no nos daríamos cuenta con tal que siguiesen sincronizados! Claro está, que ese "todos" debería incluir las agujas de los analógicos, los displays de los digitales, el giro del sol, nuestro pulso e incluso el ritmo de los pensamientos en nuestros cerebros. El único requisito para que todos los "relojes" del universo "marchen" correctamente es que se mantengan coordinados entre ellos, su velocidad es irrelevante. En parte esto apoya mi propuesta: si el ritmo a que pasa el tiempo es algo "irrelevante" ¿por qué empeñarnos en que "pasa"?

¿Y qué produce esa coordinación? pues la validez de las mismas leyes físicas en todas partes. Dos átomos de hidrógeno son idénticos aquí y en el otro extremo de la galaxia, de modo que no es de extrañar que resuenen coordinados. Nuestros cerebros son todos similares, y por eso tenemos todos una percepción similar de lo que es mucho y poco tiempo (muy distinta de la que tienen otros

---

1 Se denominan así a las frecuencias a las que un átomo puede absorber o emitir radiación. Estas son tan características de cada tipo de átomo, que permiten identificarlo de forma inequívoca; ya sea por el criminalista al analizar una muestra en un laboratorio o por el astrofísico al analizar la luz que nos llega de una estrella. Su enorme estabilidad se aprovecha para construir los relojes más exactos de que disponemos, llamados relojes atómicos.

animales). Los relojes se construyen con mecanismos similares, y si son distintos, cada relojero se asegura de que el nuevo modelo marche acorde con el anterior. Por último, los planetas siguen las mismas leyes en su movimiento, y gracias a ellas giran a velocidades predecibles. Como decía, son las leyes que determinan como evoluciona el universo las que deben ser iguales en todas partes para poder mantener la sincronización, y ese parece ser el caso.

A pesar de nuestro propósito inicial, lo expuesto hasta ahora tiene más filosofía que física, en lo sucesivo intentaré cambiar el balance. Actualmente consideramos que el funcionamiento de cuanto nos rodea se puede explicar en última instancia por unas pocas leyes físicas. El movimiento de planetas, el clima y la geología con toda su complejidad, responden básicamente a unas pocas leyes; en concreto la mecánica, de Newton, los principios termodinámicos y el electro magnetismo. Los seres vivos, siendo sistemas bioquímicos tremendamente complejos, rigen en última instancia su funcionamiento por procesos químicos y termodinámicos; y éstos por las leyes cuánticas y electrodinámicas, que determinan el comportamiento de átomos y moléculas. El que unas pocas leyes en las distintas ramas de la física (mecánica, termodinámica, electrodinámica, cuántica y relatividad) basten para explicar cómo cambian todas las cosas con el tiempo, facilita enormemente nuestra tarea. Gracias a ello, para justificar nuestra interpretación del tiempo, no será necesario justificar todos los procesos posibles del universo, sino sólo mostrar que esas pocas leyes son compatibles con nuestra interpretación. De hecho, bastará mostrar que esas leyes pueden interpretarse como las que determinan el encadenamiento de "presentes"; y por tanto, las que "generan" nuestro universo Babelia y nuestra percepción de él.

Comencemos con una de las ramas de la física en que interviene el tiempo, la termodinámica.

La dirección del cambio

Fruto de nuestra experiencia, para todos es perfectamente clara la diferencia entre el pasado y el futuro. Y digo "de nuestra experiencia" porque no se trata de una "necesidad lógica", sino algo que aprendemos desde pequeños; desde que descubrimos la facilidad para romper algo, y la dificultad o imposibilidad de arreglarlo. Del mismo modo, nos resulta radical la diferencia entre recordar el pasado fin de semana, del que ya nada podemos cambiar, y hacer preparativos para el próximo según elijamos playa o montaña. Si pretendemos mantener que la historia sea un simple "paquete de presentes", habrá que explicar qué los mantiene en orden y qué hace que percibamos de modo tan distinto unos de otros.

Curiosamente la respuesta no la encontramos al analizar las leyes físicas más básicas, ni los constituyentes más pequeños. Para nuestra sorpresa, las leyes más fundamentales de la naturaleza no distinguen entre una y otra dirección del tiempo. En la película de un planeta girando en torno al sol o el choque elástico de dos átomos, nada cambia si se muestra "marcha atrás". A esta curiosa situación se denomina en física la "paradoja de la flecha del tiempo". Por lo que sabemos actualmente, el sentido del tiempo tiene que ver con el orden y la información, surge sólo en los sistemas complejos resultado de cuestiones estadísticas, y puede medirse con un concepto denominado entropía. Ilustraremos la situación con un experimento muy simple, que imita el comportamiento de átomos o moléculas de gas en un recipiente cerrado.

Pongamos unas cuantas canicas dentro de una caja bien nivelada y, mientras la agitamos ligeramente, observemos como se mueven de forma más o menos caótica, chocando entre ellas y con las paredes. Si sólo ponemos dos canicas, será tan frecuente encontrarlas a la derecha como a la izquierda de la caja, o una a cada lado. Filmando su movimiento, no se notaría ninguna diferencia al mostrar la película avanzando o retrocediendo en el tiempo. Si por el contrario se trata de 40 canicas la complejidad del sistema aumenta y las cosas cambian totalmente: una película que muestre cómo todas las canicas empiezan a un lado de la caja y se van desparramando, parecerá de lo más natural, pero una que las muestre entrechocando al azar para juntarse todas al mismo lado de la caja, parecerá claramente trucada o proyectada "marcha atrás".

Como anticipábamos, la clave está en el desorden y el número de distintas posibilidades, y eso es precisamente lo que mide el concepto de entropía. De los millones y millones de formas en que pueden colocarse al azar esas canicas, la mayoría (alta entropía) corresponden a estar desordenadas, con aproximadamente la mitad en cada lado; sólo unas muy pocas colocaciones corresponden a estar todas metidas en un rincón (baja entropía). Para colocarlas de esa forma tan especial habría que "hacer trampa" (por ejemplo inclinando la caja) o colocarlas cuidadosamente allí una a una. Espontáneamente no es totalmente imposible que ocurra, pero la probabilidad es tan, tan, tan pequeña, que jamás lo veríamos ocurrir por azar ni siquiera en siglos y siglos de espera.

De este modo, en cualquier sistema que permanece aislado evolucionando al azar, es casi inevitable aumentar el desorden; simplemente porque son más probables y abundantes los estados desordenados. Reducir el desorden sólo es posible si lo provoca algún mecanismo u otro sistema exterior, y esto es básicamente lo que afirma una ley física denominada "segundo principio de la termodinámica". Debemos el concepto de entropía y el descubrimiento de esta ley física a los trabajos sobre termodinámica de Rudolf Clausius y Ludwig Boltzmann durante el siglo[1] 19. Técnicamente la entropía de un sistema viene determinada por su desorden, su complejidad o la información que contiene; y el que sólo pueda aumentar, nos determina qué cambios pueden ocurrir espontáneamente y cuáles no.

Probablemente pocas personas conocen este principio pero, como en física el desconocimiento de las leyes jamás exime su cumplimiento, todos lo aplicamos constantemente de forma

---

[1] Ver el penúltimo capítulo sobre la numeración latina para los siglos.

intuitiva. Si por ejemplo, vemos un huevo, inmediatamente sabemos cómo se ha producido... Es un número tan tremendo de átomos colocados de forma tan compleja y ordenada, que jamás se produce por sí sola; necesita de otro sistema externo (una gallina) dotado de complejos mecanismos, para haberlos colocado así. Asimismo, tan clara como nos resulta la complejidad de generar ese orden, nos resulta también evidente lo sencillo que es provocar su desorden y romperlo.

La segunda ley de la termodinámica simplemente constata este comportamiento como ley universal, afirmando que "con el paso del tiempo la entropía de un sistema aislado nunca puede disminuir". ¡Por supuesto ello no nos impide ordenar nuestra habitación! La entropía puede disminuir "a veces" (es decir puede "crearse orden"), pero sólo en sistemas que interaccionen con otros, cuyo aumento de entropía lo compense. La tarea de escribir estas líneas me sugiere un ejemplo sencillo: compongo secuencias de caracteres muy ordenadas (al menos eso intento) y la segunda ley de la termodinámica no me lo impide; pero es a costa de aumentar la entropía de todo cuanto me rodea (mi metabolismo, la luz con la que lo veo, la disipación de energía en el ordenador empleado, etc.).

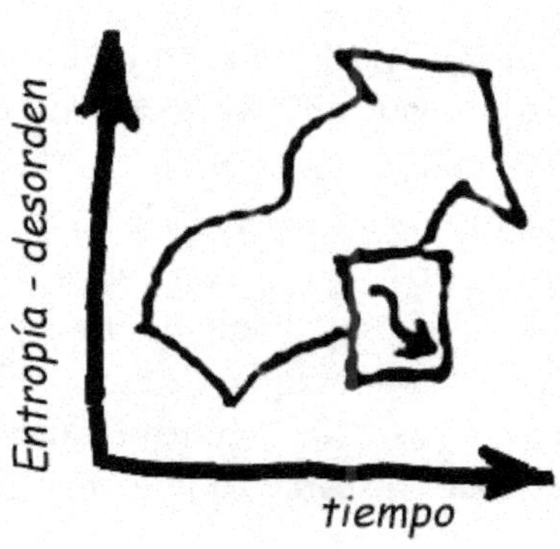

Evolución de la Entropía en el universo, siempre creciente en cualquier sistema aislado. Ello no impide que pueda disminuir en un sistema que no esté aislado, a costa de aumentar en los alrededores. Por ese motivo, cualquier muestra de "orden" nos delata la existencia de mecanismos que lo hayan causado, a costa de generar más desorden.

Así pues, hemos identificado qué determina el orden en que se encadenan los presentes de nuestro universo Babelia, es su entropía. Eso aún no es suficiente para justificar ese modelo de universo, porque no nos explica cómo enlazar unos con otros, pero dados dos cualesquiera de un mismo "relato" sí que nos marca cual de ellos es anterior (el de menos entropía) y posterior (el de mayor entropía).

Como hemos dicho, nuestros cerebros son expertos en manejar el concepto de entropía en la vida cotidiana, sin necesidad de los complejos detalles técnicos de su definición estadística. Ello significa tener muy claro en qué dirección del tiempo ocurre casi cualquier proceso. Así sabemos lo sencillo que es desordenar cosas o mezclarlas, frente a la dificultad para ordenarlas o separarlas; la facilidad para generar calor gastando electricidad, frente a lo difícil que es generar electricidad a partir del calor; la facilidad para que algo se estropee o un ser vivo envejezca, frente a la dificultad o imposibilidad de reparar o rejuvenecer.

En este "segundo principio de la termodinámica", se encuentran muchas de las claves para entender cómo funciona esta ilusión que llamamos tiempo. Quizá la más importante tiene que ver ese uso automático que hacemos de él para interpretar cuanto nos rodea. Veámoslo con algún otro ejemplo.

Un libro en mis manos es una estructura increíblemente ordenada. Más allá del texto que contenga, consiste en un tremendo número de partículas que podrían estar de infinidad de otras formas (troceadas, o convertidas en humo, o con la fibra de sus páginas sin haber salido de los árboles de los que procede, etc.) Como en los ejemplos anteriores, sin ni siquiera ser conscientes de ello, estamos aplicando el segundo principio; al estar seguros de que ese orden no ha podido generarse espontáneamente por sí solo, algo externo a él lo ha tenido que provocar. Pero más aún, automáticamente estamos dando por supuesta una "historia" que lo justifique: un escritor, una imprenta, una industria maderera y papelera, un editor, etc., etc. Estamos dispuestos a imaginar los procesos más complejos concebibles, antes que admitir que sus átomos se hayan podido reunir espontáneamente al azar para formarlo. Naturalmente, para que todo encaje con el segundo principio de la termodinámica, la entropía total debe haber aumentado, y somos conscientes de que generar este orden ha debido costar una enorme cantidad de desorden en el resto de universo (industria, transporte, escritor, etc.) En resumen, para explicar la existencia de algo ordenado, asumimos la existencia de mucho más desorden en alguna otra parte. El resultado neto es un presente con más entropía, y por tanto toda esa "explicación" debe estar en el pasado. Viene a ser lo que S. Carroll[1] denomina "la hipótesis del pasado".

El anterior ejemplo del huevo es muy similar. Sin necesidad de un master en bioquímica, sabemos que la complejidad de las estructuras celulares vivas es de tal magnitud que sólo los seres vivos las producen, y damos por supuesta la gallina. Las gallinas no escapan a la ley del aumento de la entropía... Característico de todo ser vivo es ser estructuras muy ordenadas, capaces de mantenerse y generar más orden; pero a costa de compensar generando mucho más desorden (básicamente degradando recursos). De ese modo, aceptamos con naturalidad los procesos tremendamente complejos que hacen funcionar a los seres vivos, antes que admitir que ese huevo se haya podido formar espontáneamente al azar. Además, como esos procesos aumentan la entropía (son irreversibles) los situamos en el pasado. De nuevo por tanto la hipótesis del pasado: "creamos" historias que justifiquen nuestro presente, interpretando el estado que observamos en base a otros con menos entropía, que llamamos pasado.

Los ejemplos de este tipo son innumerables y cotidianos, pero es especialmente interesante el relativo al funcionamiento de nuestros recuerdos. Datos en la memoria de un ordenador, fósiles en un yacimiento, pigmentos en una fotografía, etc.; son configuraciones estables y ordenadas de objetos conteniendo información. Eso mismo son nuestros recuerdos, en forma de conexiones de nuestras neuronas. Siguiendo el segundo principio de la termodinámica, generar

---

1 Sean Carroll, *Desde la Eternidad hasta Hoy*, Ed. DEBATE 2015.

cualquiera de esos registros ordenados requiere aumentar el desorden (entropía) del resto del entorno (ya sea en forma de calor, o de los procesos químicos biológicos o industriales más variados). Así, como en los ejemplos del libro o el huevo, a todo registro de información automáticamente asignamos una historia, esto es, estados del universo con menos entropía que lo justifiquen. Y de nuevo "menos entropía" significa denominarlos "pasado". J. Barbour[1] denomina "cápsulas de tiempo" a todo aquello que de este modo denota una historia. En definitiva, parece clara la respuesta a por qué recordamos el pasado pero no el futuro: porque llamamos pasado a cualquier estado que haya grabado datos en nuestros cerebros, en nuestros ordenadores, en nuestras fotografías, etc.

Aparte del anterior argumento, basado en la probabilidad de generar orden, la relación entre la formación de registros y el aumento de entropía se puede justificar también en un tratamiento cuántico. Aunque no lo analizaremos aquí, L. Maccone describe en un interesante artículo[2] cómo a todos los fenómenos que dejen un rastro de información les debe corresponder necesariamente un aumento de entropía, o al menos su mantenimiento. Por el contrario, cualquier proceso en que la entropía disminuya no pude dejar rastro de haber ocurrido. Por tanto nunca podríamos estudiar o tener noticia de procesos en que la entropía disminuyese, ni aunque fuesen habituales. Ello justificaría de modo trivial el que siempre veamos aumentar la entropía, simplemente porque de cualquier proceso en que disminuya nunca tendremos noticia.

Más adelante sí que mostraremos cómo la mecánica cuántica, por el modo en que determina el enlace de los consecutivos presentes, justifica el mantenimiento de estructuras estables (memorias) una vez generadas.

---

1 J. Barbour, *The End of Time: The Next Revolution in Physics*, Oxford University Press, 1999

2 L. Maccone, *Quantum Solution to the Arrow-of-Time Dilemma*. Phys. Rev. Lett 103 (2009) p.080401

Una consecuencia fundamental de todo lo anterior es nuestro distinto conocimiento del pasado y del futuro. Como ya he comentado, las leyes fundamentales de la física son reversibles. Si conociésemos con precisión el estado de cada partícula del universo en algún momento, sería concebible calcular con precisión su estado tanto en momentos pasados como futuros. El problema es que en la práctica sólo tenemos información muy limitada, y por ello ese tipo de cálculo es menos fiable cuanto a más largo plazo se haga. La hipótesis del pasado introduce una diferencia radical entre pasado y futuro, es una valiosa información adicional, que nos permite "calcular" el pasado con muchísima más exactitud que el futuro. Siguiendo un ejemplo de S. Carroll[1], si observamos un huevo roto y queremos calcular su futuro, deberemos tener en cuenta dónde está y qué planes tienen quienes le rodean. Aún así, nuestras previsiones serán poco fiables, por la infinidad de cosas diferentes que le puedan ocurrir. Por el contrario si queremos "calcular" su pasado, la hipótesis del pasado asegura que sólo debemos considerar estados con menos entropía. Ello automáticamente nos reduce las posibilidades, descartando cualquier estado pasado en que el huevo esté más deteriorado aún, y limitándonos a estados más ordenados como el huevo sin romper.

Aún no hemos descrito qué reglas sigue el enlace de unos presentes con otros, lo haremos más adelante basándonos en la mecánica cuántica. Sean las que sean, deben explicar la existencia de memorias, esto es, configuraciones que se mantienen estables al pasar de un "presente" al "siguiente". De ese modo, ya sean electrónicas, fotográficas o neuronales; son copias de ellas mismas en otros instantes, y contienen información de cómo eran aquellos. Desde luego esos registros nos permiten el "calcular" de modo mucho más preciso el pasado que el futuro, pero además nos permiten hacer "predicciones sobre el presente". Veámoslo con un par de sencillos ejemplos.

---

1 Sean Carroll, *Desde la Eternidad hasta Hoy*, Ed. DEBATE 2015.

Supongamos que pongo un pastel en el horno, y que por sus condiciones calculo que en una hora estará en su punto. Me puedo equivocar, quizá le puse demasiada temperatura y realmente acabe quemado, o quizá haya un fallo eléctrico y dentro de una hora siga crudo, pero espero acertar. Supongamos que me marché de la cocina y que ya ha pasado una hora, es decir, estoy en otro presente separado una hora del anterior. Si mi cerebro funciona bien y mi memoria es estable, en ella tengo la imagen de lo que ocurrió una hora atrás, y con esa información vuelvo a "predecir" que ahora mismo el pastel ya estará en su punto. Si todo ha ido bien, al volver a la cocina confirmaré esa "predicción de mi presente" basada en datos que mi memoria conserva del pasado.

En realidad nuestra acumulación de conocimientos sobre cuanto nos rodea, no es más que otro ejemplo de "predicción a presente", aplicada a las características estables de nuestro entorno: Si por ejemplo recuerdo haber visto ayer un kiosco a la puerta de mi casa, por lo que sé del comportamiento de los kioscos, doy por seguro que ahora hay un kiosco a la puerta de mi casa. A eso lo llamo simplemente "conocer mi barrio", pero en realidad se trata de que mi barrio y mi memoria son ambos estructuras estables al paso del tiempo, de modo que en una puedo guardar registros fiables de cómo es la otra. Desde luego sería muy difícil la existencia de los seres vivos si el universo no favoreciese las estructuras estables... volveremos a ello más adelante.

A escala del universo, pasado y futuro no sólo son distintos por la dirección en que la entropía aumenta, también por lo que sabemos de cómo fue y cómo será. De su origen tenemos sobrados indicios de que comenzó como una enorme explosión en un punto diminuto expandiéndose hasta su extensión actual. Sobre su futuro todo parece indicar que seguirá expandiéndose. A esa dirección del tiempo en que aumenta su tamaño se denomina la flecha cosmológica del tiempo. No creo que exista ninguna conexión con la flecha termodinámica, salvo por el hecho de que ese origen tuvo muy poca entropía, y permite al universo seguir aumentándola. Me refiero a que si algún tipo de fuerzas hiciesen que el universo a gran escala comenzase a contraerse, dudo que ello hiciese dar marcha atrás a nuestros relojes; pues aún contrayéndose tendría margen para continuar aumentando su entropía por mucho tiempo.

En relación con esto, merece mencionar el famoso misterio sobre esa baja entropía inicial del universo. Todos los procesos desde su origen han supuesto un permanente aumento de entropía, comenzando con la formación de las primeras partículas, pasando por la formación de las estrellas y planetas, y hasta la vida misma. Eso significa que realmente, sólo han sido posibles gracias a que el universo comenzó con una entropía tremendamente menor, como confirman los modelos cosmológicos para su origen en un big-bang. Pero entonces ¿Qué generó ese estado inicial de tan baja entropía y por tanto tan tremendamente improbable? Es el estado en que menos entropía ha tenido el universo de modo que ¡no podemos justificarlo con una hipótesis del pasado! ¿Por qué no comenzó en algún otro estado muchísimo más probable, pero que habría impedido evolucionar cuanto conocemos? Si nos extrañaba encontrarnos juntas en un rincón todas las canicas de nuestro experimento, ¡que decir del big bang que consiste en encontrarnos allí arrinconado el universo entero! Parece como si esas condiciones iniciales se hubiesen elegido con un esmero casi infinito.

El modelo que estamos planteando ofrece una respuesta muy simple: En Babelia existen todas las configuraciones posibles, y simplemente nosotros reconstruiríamos historias enlazando algunas. Al llamar "pasado" a los estados más ordenados, obviamente retroceder en cualquiera de esas historias significa encontrar estados más ordenados. Por escasos que sean en Babelia los estados muy ordenados, toda historia tendrá alguno de ellos en su más remoto pasado. De hecho, si en todo Babelia existiese un "único" estado con el mayor orden (la menor entropía) posible ¡a él le consideraríamos el origen de todas las historias!

Condiciones exigentes para enlazar instantes, la Relatividad de Einstein

Como ya he comentado, quienes conozcan algo sobre la relatividad de Einstein, sabrán que hablar de "presentes" no es algo trivial. En ella el concepto de simultaneidad (y por ello su "presente" particular) depende del sistema de referencia del observador. Obviamente la descripción de un multiverso debería tenerlo en cuenta, en caso de ser relevantes los efectos relativistas. Ese sería el caso, por ejemplo, al tratar cualquier porción de universo de tamaño cosmológico.

La relatividad especial de Einstein plantea un "universo bloque" como el descrito en la figura anterior, con tres dimensiones espaciales y una temporal. En él la historia de cualquier objeto se describe como una trayectoria enlazando sucesivos tiempos. Eso es lo que ya vimos dos figuras más atrás, pero Einstein añade dos resultados peculiares a esa descripción. El primero es la barrera de la velocidad de la luz para cualquier movimiento o transmisión de información. Ello determina los denominados "conos" de pasado y futuro, ilustrados en la siguiente figura. Son las regiones a las que cualquier suceso presente pueda acceder en instantes futuros, o las de cualquier suceso pasado que puedan afectarle.

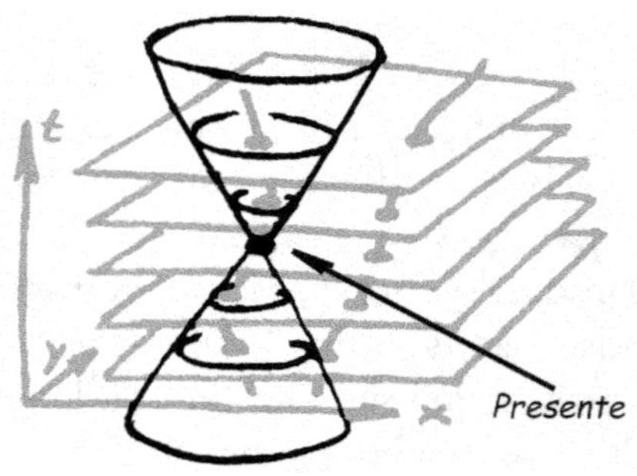

La misma figura del universo-bloque, pero mostrando los "conos de causalidad" de un suceso. Si el punto indicado como "presente" emite una onda de luz, ésta se expandirá como un círculo creciendo de tamaño a medida que subimos en el tiempo, es el "cono de futuro". Como nada puede viajar más rápido que la luz, dentro de ese cono están todos los puntos a los que el de partida podría llegar, comunicarse o afectar de cualquier forma. El "cono de pasado" es el otro invertido que engloba toda la región del espacio – tiempo pasado que puede haber afectado a ese punto del presente.

La segunda característica de la relatividad especial es que las "hojas de presente" (el conjunto de sucesos que pueden considerarse simultáneos) son distintos para observadores con distinta velocidad, relacionándose entre sí según las transformaciones de Lorentz. Como muestra la siguiente figura, ello significa que todas las trayectorias en el espacio – tiempo deben poderse interpretar de varias formas como secuencias de presentes enlazados. Desde luego ello supone condiciones exigentes que limitan enormemente la arbitrariedad a la hora de enlazar sucesivos presentes: sea cual sea el mecanismo que determine ese enlace, los bloques de espacio – tiempo deben ser compatibles con secciones en una y otra dirección, es decir, vistos en uno u otro sistema de referencia.

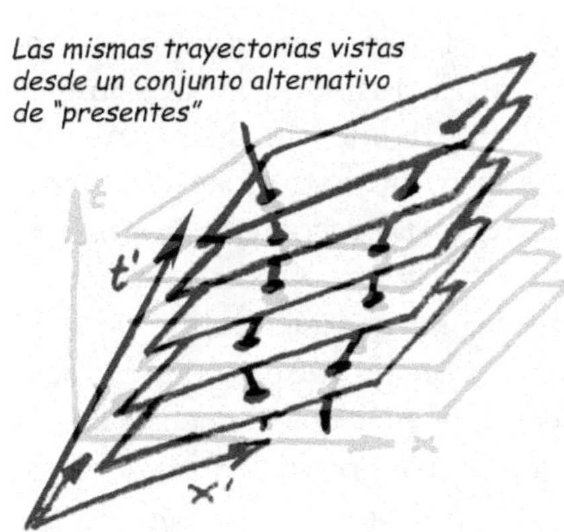
Las mismas trayectorias vistas
desde un conjunto alternativo
de "presentes"
t'
x'

La Relatividad especial de Einstein afirma la equivalencia de dos cualesquiera sistemas de referencia inerciales, que tendrían distintas "hojas" de presente según las Transformaciones de Lorentz. Una misma historia debería ser descrita de forma compatible desde dos cualesquiera elecciones de tales hojas.

Aunque estos efectos relativistas sean inapreciables en situaciones cotidianas a bajas velocidades, desde luego son parte de cómo es el universo, y debemos contar con ellos. En presencia de campos gravitatorios intensos o considerando grandes distancias en el universo, la versión General de la Relatividad einsteniana cambia aún más el panorama, ya que cualquier conjunto de "superficies" en 3 dimensiones puede elegirse como "presentes". Es lo que se denomina técnicamente una "foliación" en 3-geometrías. Curiosamente en semejante descripción (denominada geometrodinámica) las ecuaciones de Einstein indican que la estructura de esas "hojas de presente" determina por sí sola el enlace entre ellas;

es decir, un paquete de "hojas" consistentes contiene toda la información necesaria para determinar la coordenada temporal. Por tanto a esas grandes escalas, o en presencia de intensos campos gravitatorios, directamente el enlace de "presentes" viene dado por las ecuaciones de Einstein. Podríamos considerar así que esas ecuaciones son las que rigen "el escenario" en que se desenvuelven nuestras pequeñas historias. Como veremos, en esas "pequeñas historias" se aplican otras reglas de juego, la descripción cuántica.

El enlazado cuántico de instantes

La idea de un espacio-tiempo en forma de un bloque donde todos los presentes están ya fijados, se ha denominado habitualmente "Eternalismo". Podría identificarse con la idea de predestinación, ya que el futuro no lo conoceríamos pero estaría fijado, y nuestra trayectoria recorrería todos esos presentes en algún momento. Esta visión podría ser compatible con todo lo expuesto hasta aquí. Como ya hemos comentado, nuestra sensación de que el futuro no está escrito provendría en tal caso de lo difícil que es predecirlo con los datos siempre limitados de que disponemos. El azar sería sólo fruto de nuestra falta de información sobre los detalles. También la relatividad de Einstein sigue esta línea, proponiendo una evolución determinista del universo como un bloque.

Por el contrario, la otra gran teoría fundamental de la física, la mecánica cuántica, lo cambia todo al plantear el azar como elemento esencial del universo. Según ella, las cosas no están decididas de antemano y en el momento de observarlas la naturaleza elige. Para cada resultado no hay una causa, sino sólo una probabilidad. En este sentido es en el que me inclino a pensar que el universo es un cúmulo de posibilidades, y es el que dio origen a la muy conocida interpretación del "Multiverso" de Everett.

En la interpretación estándar de la mecánica cuántica, esa elección al azar de la naturaleza supone una enorme diferencia frente al resto de leyes físicas. Es la única en que se renuncia a predecir, dejando al azar generar saltos a su antojo sin causas previas. La interpretación de Everett se introdujo para evitar esos saltos imprevisibles. En su modelo del universo, simplemente todas las posibilidades se realizan, de forma que cualquier historia es una evolución continua auque con ramificaciones. Lo que es imprevisible es en qué ramificación nos desviaremos en cada instante, pero la historia a lo largo de cada una de esas ramas es continua.

La interpretación de Babelia que estoy planteando hereda en cierto modo esas ramificaciones, pero se basa más bien en la versión de Feynman de la mecánica cuántica, la "integral de caminos", base de la actual teoría cuántica de campos.

Para un físico, hablar de "cuántico" y "clásico" deja muy claro a qué nos estamos refiriendo, pero es muy posible que para el lector esos términos requieran al menos una presentación.

Por "clásico" nos referimos al comportamiento de los objetos que se describen perfectamente según las leyes de Newton, es la llamada "mecánica clásica". Ya se trate del movimiento de una mota de polvo o de un planeta, las condiciones de partida y esas leyes determinan qué trayectoria seguirán y dónde encontrarlos en cada instante.

Por el contrario, para objetos de tamaño atómico o menor esas leyes no sirven, y se requiere un tratamiento "cuántico". La diferencia no se encuentra sólo en el "cambio de leyes", sino en un cambio completo de su descripción. Para una de estas "partículas cuánticas[1]" no existe "una trayectoria" y con los mismos datos de partida podría acabar en cualquier lugar imaginable, de modo que lo único predecible es la probabilidad de que aparezca en cada posición. De este modo, en una descripción cuántica, las partículas siempre van

---

[1] Nótese que el término "partícula cuántica" no se refiere a un tipo especial de partículas, significa simplemente que necesite una descripción cuántica; y eso normalmente depende simplemente de ser suficientemente pequeña.

acompañadas de ondas de probabilidad que se propagan por donde ellas puedan encontrarse.

El que los efectos cuánticos sólo se manifiesten a escalas tan diminutas no será realmente una limitación de nuestra interpretación. Como veremos más adelante la mecánica cuántica puede considerarse "escondida pero activa" debajo de las leyes clásicas que rigen los objetos más cotidianos, de modo que nuestras conclusiones también les serán aplicables.

Volviendo a nuestro objetivo, comencemos con una sola partícula muy pequeña (y por ello cuántica). Supongamos que se encuentra sometida a ciertas fuerzas que provienen de algún campo de potencial, y que partiendo de un cierto punto inicial x_i en un instante inicial t_i queremos saber cómo llegará a uno final x_f en un tiempo t_f (primera imagen de la figura). La descripción clásica (segunda imagen de la figura) se reduciría a una trayectoria uniendo ambos puntos, pero la descripción cuántica no aspira a decirnos por dónde va la partícula, sólo a decirnos la probabilidad de que aparezca en el punto final x_f en el instante final t_f. Aunque esa probabilidad sea el resultado final interesante, para obtenerla en mecánica cuántica hay que calcular primero algo un poco más complejo denominado "amplitud de probabilidad", que es la onda antes comentada acompañante a la partícula. Se trata de una especie de probabilidad con signos, que al combinarse puede sumarse o restarse provocando interferencias, igual que cualquier otra onda. La intensidad de esta onda (técnicamente su módulo cuadrado) es finalmente la probabilidad.

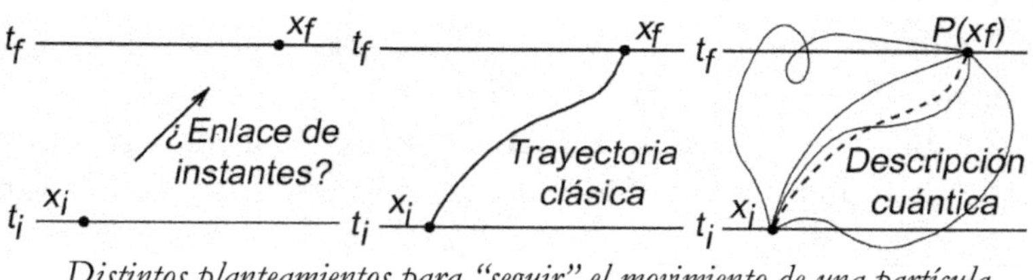

Distintos planteamientos para "seguir" el movimiento de una partícula.

De entre las técnicas disponibles en mecánica cuántica para calcular esas amplitudes y probabilidades, una de las más sugerentes es la denominada "integral de caminos" debida a R. P. Feynman (1918-1988). Según ella, en el estado final de la partícula influyen todas las trayectorias imaginables que la partícula pueda seguir, cada una aportando una pequeña contribución a su amplitud. Sumando todas esas contribuciones se obtiene la "amplitud total", y elevada al cuadrado tenemos la probabilidad $P(x_f)$ de encontrar la partícula en cada posible punto x_f.

Como anticipábamos, no es posible concretar cuál ha sido la trayectoria de la partícula, lo cual es característico de la descripción cuántica. Pero lo más interesante de este método debido a Feynman es sugerir que realmente la partícula... ¡ha seguido todas las trayectorias! De este modo, el estado "presente" es consecuencia de todas las historias posibles que hayan podido llevar hasta él, y cada estado está realmente enlazado con todas ellas. La imagen ilustra la comparación entre ambas descripciones clásica y cuántica. En la primera interviene una única historia, mientras que cuánticamente en el estado final influyen todas las imaginables[1].

El procedimiento habitual para realizar ese tipo de cálculo se ilustra en la primera imagen de la siguiente figura. Consiste en "trocear" finamente el intervalo de tiempo, y para cada instante considerar una posible posición. La unión de esos puntos supone una trayectoria poligonal, sobre la cual es sencillo calcular (sumando tramo a tramo) su contribución a la amplitud de probabilidad. Esas trayectorias poligonales, pueden hacerse tan complejas o próximas como se desee a cualquier curva imaginable, y por un procedimiento que se denomina "de paso al límite", se obtiene la contribución que darían todas ellas. De este modo, considerando para cada instante todas las posiciones posibles, quedan incluidas todas las trayectorias y se obtiene la amplitud total.

---

1 Naturalmente todas las que sean compatibles con las condiciones en que se encuentre el experimento. Si por ejemplo le hemos puesto una barrera infranqueable, por allí no podrá pasar (aunque también podríamos decir que sí pasa por ella, sólo que con una contribución ignorable).

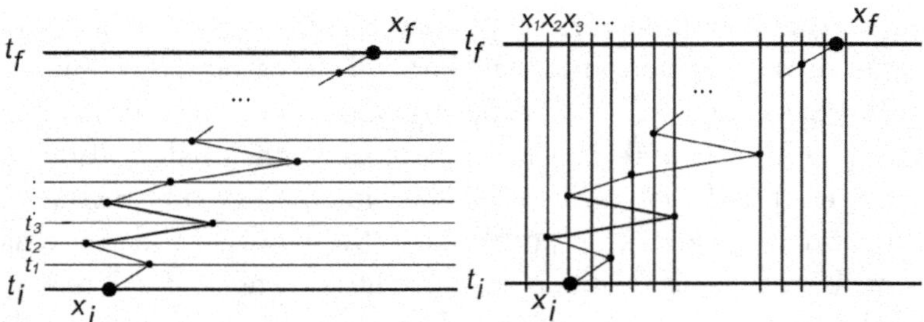

Troceado del tiempo y el espacio para sumar todas las trayectorias posibles en el cálculo de la amplitud para (t_f,x_f). *La imagen de la izquierda es el procedimiento habitual, dividiendo el tiempo en una secuencia de pequeños intervalos iguales, y para cada uno considerando luego todas las posiciones posibles. La imagen de la derecha es una alternativa más próxima a nuestra interpretación, considerando una secuencia de posiciones equidistantes muy próximas, y asignando luego a cada una todos los valores del tiempo posibles.*

Alternativamente podríamos "intercambiar" el papel de las coordenadas x y t, dando más "realidad" al espacio, y dejando el tiempo como una simple "etiqueta" para cada posible estado del sistema. Eso significaría plantear todas las posibles posiciones de la partícula x_1, x_2, x_3,..., y generar los caminos poligonales asignando a cada una un "tiempo" (que luego recorrerá todos los valores posibles). Aunque el resultado sea equivalente, esta segunda versión, ilustrada en la imagen derecha de la figura, sería más próxima a nuestra interpretación.

Independientemente de la considerable complejidad de cualquiera de estos cálculos, el mensaje es claro y simple: todos los estados posibles de una partícula contribuyen al enlace entre dos cualesquiera instantes y posiciones, y a cada estado cabe asignarle todas las historias imaginables. En principio el resultado es válido para cualquier sistema complejo formado por un número arbitrario de partículas.

Visto así, nuestro universo Babelia con todas las historias y estados imaginables parece totalmente natural. Lo "extraño" sería más bien lo contrario, empeñarse en que no existen todos esos estados aunque intervengan en los cálculos. Por si eso no fuese suficiente, recordemos además que el estado final de una partícula cuántica nunca es "un punto", sino la colección de todas sus posibles posiciones cada una con su probabilidad. Es decir, la descripción habitual en mecánica cuántica no es "un presente" sino una colección de ellos.

De este modo, en un universo "Babelia" con todos los "presentes" posibles, la mecánica cuántica simplemente sería la ley que describe la interconexión y el encadenamiento de unos con otros, mediante la asignación de probabilidades a cada uno de ellos; y el establecimiento de correlaciones entre distintos sucesos.

Como anticipábamos, esto podría parecer sólo aplicable a escala de las partículas más diminutas que requieren descripción cuántica, pero no a los objetos macroscópicos; pero en realidad no es así por una sutil conexión que existe entre las descripciones cuántica y clásica. Ello es un tanto sorprendente, dado lo radicalmente diferente de ambas descripciones; pero es inevitable si nuestras teorías tienen que ser capaces de describir todo tipo de objetos, desde los más diminutos a los más grandes.

Entender esa conexión nos llevará algunos párrafos para profundizar tanto en el tratamiento clásico como en el cuántico. Ello nos permitirá primero descubrir algo que interviene en ambas descripciones, y después de qué modo sutil las conecta. Creo que el esfuerzo merecerá la pena, entre otras cosas porque nos confirmará que en Babelia no sólo hay sitio para lo más pequeño.

Comenzando por la descripción clásica de nuestra partícula, podríamos preguntarnos qué tiene de particular su única trayectoria de entre todas las posibles que existen cuánticamente. Aparte de ser la que "dictan" las leyes de Newton, veremos que tiene algo especial que le hace ser la única en "sobrevivir" al pasar del mundo cuántico al clásico. Curiosamente esa peculiaridad de la trayectoria clásica fue descubierta por los físicos y matemáticos Joseph-Louis Lagrange y William Rowan Hamilton entre los siglos 18 y 19, mucho antes de que surgiese la mecánica cuántica. Hamilton y Lagrange básicamente buscaban formas más eficaces de aplicar las leyes de Newton a casos complicados. Y es que la familiar Ley de Newton "la fuerza es igual a la masa por la aceleración", sigue siendo aplicable para determinar el movimiento de sistemas formados por cualquier cantidad de partículas u otros componentes, pero su aplicación se complica enormemente; especialmente si además de las fuerzas aplicadas al sistema intervienen las debidas a ligaduras internas entre sus componentes. Entre otros, ese es el caso de la propagación de ondas, o el movimiento de mecanismos medianamente complejos.

Para ilustrar el descubrimiento de Hamilton y Lagrange, vamos a considerar un objeto tan cotidiano como un balón que pese 1 kg. Mientras vuela de lado a lado del campo de fútbol, siguiendo una trayectoria parabólica, hay dos tipos de energía variando en él. La energía potencial es debida al campo de fuerzas de la gravedad, y es mayor cuanto más alto se encuentre. La energía cinética es debida a su velocidad, y es mayor cuanto más rápido se mueva. Puesto que la energía total se debe conservar, ambos tipos de energía se tienen que intercambiar durante su trayectoria, aumentando la potencial a costa de la cinética (perdiendo velocidad) cuando sube, y volviendo a aumentar su velocidad (energía cinética) al perder altura. Pues bien, Lagrange y Hamilton encontraron algo interesante sobre la diferencia entre ambas energías, en concreto sobre el promedio de esa diferencia a lo largo de cualquier trayectoria.

Vamos a verlo con nuestro balón aunque, para simplificar las cosas todo lo posible, vamos a imaginarlo moviéndose libremente sin gravedad. De ese modo la energía potencial será cero, y calcular el promedio <Energía cinética menos Energía Potencial> sólo nos exigirá calcular la cinética. Consideremos lo que ocurre cuando se desplaza libremente una distancia de 1 metro en 1 segundo. Puesto que hemos quitado la gravedad, su trayectoria "clásica" será una recta con velocidad constante v=1 metro/segundo, y para ella calcular el promedio de energía cinética menos potencial es trivial (la potencial es cero y la cinética constante). Puesto que queremos ver qué tiene de especial esa trayectoria; vamos a compararla con otras anómalas, que el balón jamás seguiría sin ninguna fuerza actuando sobre él. Consideremos por ejemplo una familia de trayectorias quebradas como la de la figura, con su punto central apartado de la recta una distancia "*D*", y recorridas a velocidad constante. Calcular aquí el famoso promedio <cinética menos potencial> es también sencillo[1], y la figura muestra cómo depende el resultado de la trayectoria elegida.

Como puede verse, el promedio en la diferencia de energías <cinética-potencial> es mínimo para la trayectoria clásica, y mayor cuanto más alejada de ella sea la trayectoria "anómala".

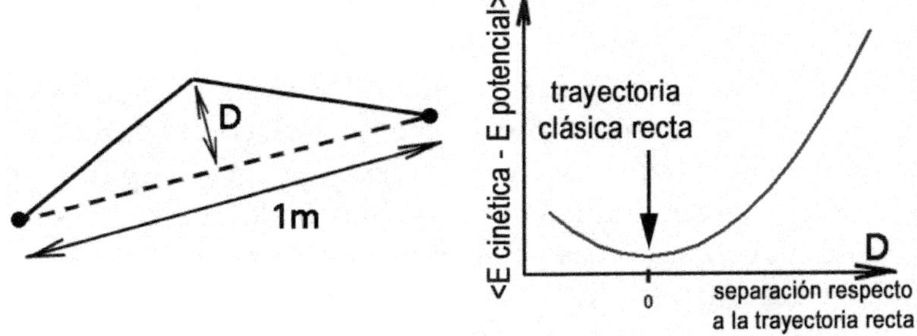

Una colección de trayectorias que se apartan una distancia "D" de la línea recta entre dos puntos, y cómo es para ellas el promedio <EnergíaCinética-EnergíaPotencial>. El mínimo resulta para la trayectoria que tiene D=0 (la recta).

Aún sin entrar en los detalles del cálculo, eso era evidente en este caso: si la partícula tiene que llegar al destino en el mismo tiempo con un recorrido más largo, habrá tenido que

1 El cálculo es sencillo, pero quizá sea mejor ignorarlo para quien no esté habituado a estas cosas: En <Cinética-Potencial>, la energía Potencial=0 para este caso, y la Cinética $=1/2\ mv^2= 1/2m(\text{distancia}/t)^2 = 1/2m(d^2+4D^2)/t^2 =0.5\ (1+4D^2)$, simplemente usando el teorema de Pitágoras para determinar la distancia recorrida. Por tanto <Cinética-Potencial>$=0.5+2D^2$ para la trayectoria que se aparta "*D*" de la recta recorrida en el mismo tiempo 1 segundo. Su representación es la parábola mostrada en la figura.

ir más deprisa y por tanto con más energía cinética. Lo que ya no es tan evidente es el importante descubrimiento que hicieron Hamilton y Lagrange: ese mínimo que hemos encontrado seguiría estando ahí, aunque incluyésemos campos de potencial, sin importar cuántas partículas tuviésemos, sin importar a qué fuerzas estuviesen sometidas, y sin importar qué complicadas trayectorias les hiciesen seguir esas fuerzas. Hamilton llamó "acción" a ese promedio de energías <cinética-potencial> multiplicado por el tiempo de recorrido, y suele representarse por *S*=<E.Cinética-E.Potencial> x t. El descubrimiento de Hamilton y Lagrange podría resumirse así: la trayectoria "real" que sigue cualquier partícula o sistema mecánico, obedeciendo las leyes de Newton, tiene la particularidad de que su "acción" *S* es la menor posible de entre todas las trayectorias imaginables. A esto se denominó "principio de mínima acción".

Desde luego, visto qué cosa es esa *S* llamada "acción", está claro que este principio poco tiene que ver con el "principio de mínimo esfuerzo", que a todos nos gusta aplicar en nuestra vida cotidiana. Por cierto, poco después el mismo Hamilton descubrió que en algunos casos esa "acción" en vez de ser mínima es máxima; y que realmente lo que sí puede asegurarse es que siempre es un "extremo", en cualquier proceso que siga las leyes de Newton.

Volvamos ahora a la descripción cuántica de Feynman. Como dijimos, en ella cada posible historia añade una contribución a la amplitud final. Pues bien, esas contribuciones son ondas oscilantes, cada una con un desfase que depende de la historia que representa. Y aquí se encuentra la conexión con el caso clásico: el desfase de la onda con que contribuye cada posible trayectoria, viene dado precisamente por su "acción" *S*. En concreto Feynman descubrió que la expresión matemática de cada una de esas ondas es $e^{iS/\hbar}$. Ésta $e^{i\cdots}$ no debería intimidar a ningún lector, simplemente es una forma de representar en matemáticas una onda oscilante[1]. Lo que sí convendría destacar es el factor $\hbar$ dividiendo a la acción *S*, y por tanto determinando la importancia de cada desfase. Se trata de la llamada "constante de Planck" que, como veremos, realmente marca la escala del mundo cuántico; determinando qué debe considerarse "pequeño y por tanto cuántico", y qué puede considerarse "grande y por tanto clásico".

Bien, hasta aquí tenemos las dos versiones. Para una partícula grande, la clásica con trayectoria única (cuya acción es mínima o al menos extrema). Para una partícula diminuta la cuántica, con todas las trayectorias participando. Pero, ¿cómo ocurre la transición de una a otra descripción, si partimos de una partícula pequeña y la fuésemos haciendo mayor?

La idea básica es que en la suma de historias de Feynman, aunque intervengan todas las imaginables, no todas ellas tienen realmente la misma contribución al resultado final. Las trayectorias más "disparatadas", por más caóticas y alejadas, son también las más abundantes; de modo que llegan al final del camino con desfases muy variados, que en promedio se cancelan en la suma. Por el contrario, las trayectorias más próximas a la "clásica" son muy parecidas entre sí, de modo que sus desfases son también muy similares y contribuyen mayoritariamente sumándose. Este efecto se acentúa más para partículas más pesadas, llegando a quedar sólo la trayectoria clásica para partículas macroscópicas. De ese modo, cuanto más pesada sea la partícula, más se reduce el número de trayectorias relevantes diferentes de la clásica.

La particularidad de la trayectoria clásica, que le hace ser la única superviviente de todas las posibles, es precisamente el tener una acción mínima o al menos extrema. Para visualizarlo volvamos a nuestro ejemplo del balón; fijémonos en la gráfica que representaba la acción *S* de aquellas "trayectorias anómalas", en función de cuánto se separaban

---

[1] Matemáticamente es una exponencial compleja $e^{i\cdots}$ que equivale a una combinación de funciones oscilantes trigonométricas senos y cosenos.

de la recta. Supongamos un grupito de unas cuantas trayectorias "anómalas" con valores *D* no muy diferentes entre sí ¿Cuán diferente será la acción *S* para ellas? La respuesta es que no sólo depende de cuánto se parezcan entre sí ese grupito de trayectorias, sino también de lo cerca que se encuentren del mínimo de la curva. Como muestran las figuras, en las cercanías del extremo pequeños cambios de la trayectoria apenas varían la acción, mientras que lejos del mínimo pequeños cambios de la trayectoria suponen cambios muy grandes de la acción. Las figuras de la derecha muestran lo que ocurre si superponemos varias ondas con esos desfases.

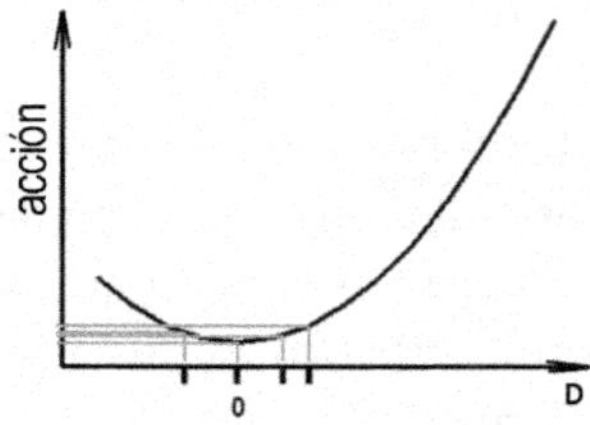

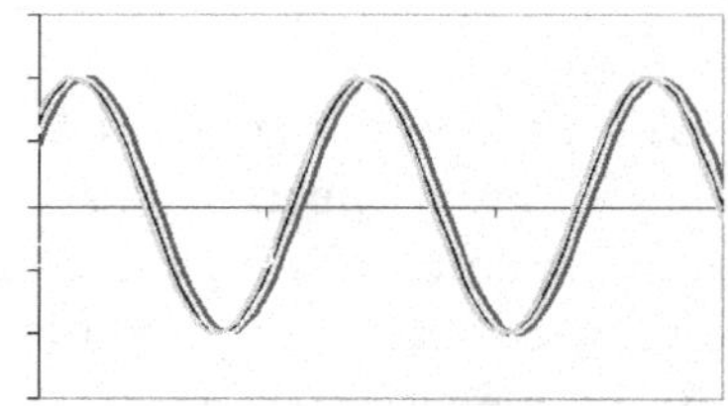

Unas pocas trayectorias próximas entre sí, y parecidas a la "clásica" tienen valores de la acción S muy similares, de modo que sus ondas con desfases muy pequeños entre sí tendrán una suma apreciable.

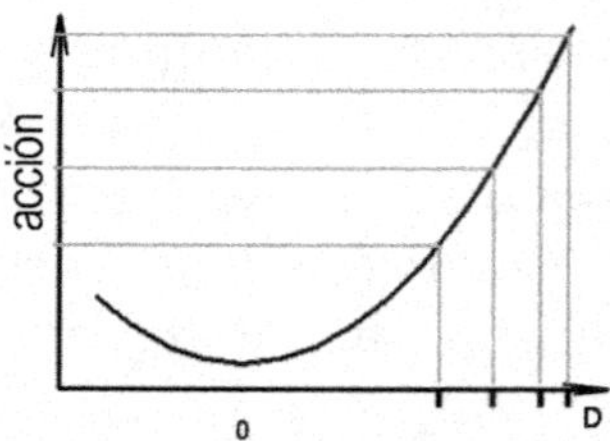

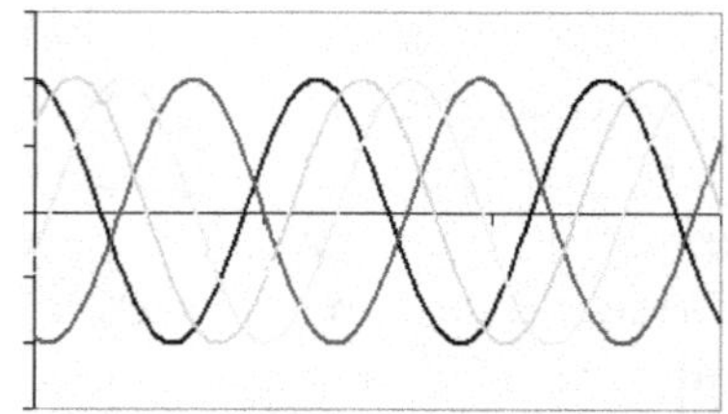

Unas pocas trayectorias igual de próximas entre sí pero lejos de la "clásica" tienen valores de la acción S muy distintos, de modo que sus ondas con desfases muy grandes se cancelarán entre sí al sumarse.

Como se ve, en el caso de trayectorias próximas a la clásica todas ellas tienen valores de la acción muy parecidos, y por tanto desfases muy pequeños entre ellas. La "onda de probabilidad" suma de todas ellas resultará muy apreciable. Por el contrario un grupo de trayectorias igual de separadas entre ellas, pero alejadas de la clásica tienen acciones muy diferentes, de modo que la suma de ondas con esos desfases tan distintos será una contribución prácticamente nula.

Como hemos indicado, la cancelación de contribuciones alejadas de la trayectoria clásica es más importante cuanto más pesada sea la partícula, El motivo es que en la expresión de Feynman $e^{iS/\hbar}$, los desfases no son directamente la acción *S*, sino el cociente $S/\hbar$. Por ello los desfases de cada contribución no dependen de cuánto valga su acción *S*, sino de cuánto valga comparada con la constante $\hbar$. Cuanto más pequeña sea una partícula, menores serán sus energías cinética y potencial y por ello menor su acción *S* en cualquier trayectoria. Una acción *S* pequeña comparada con la constante $\hbar$ generará desfases $S/\hbar$ pequeños aunque estemos lejos de la trayectoria clásica, y muchas de las trayectorias contribuirán. Por el contrario cuanto más pesada sea una partícula mayores serán los desfases incluso apartándonos muy poco de la trayectoria clásica, quedando esa trayectoria como la única observada para partículas macroscópicas. Como anticipábamos, la constante de Planck $\hbar$ es la frontera entre lo grande (clásico) y lo pequeño (cuántico).

El lector que haya llegado hasta aquí entenderá lo que anticipábamos. Para los sistemas más diminutos, la realidad de todas sus posibles historias es manifiesta, haciendo imprescindible la descripción cuántica a escalas atómica y aún menores. Por el contrario los objetos cotidianos no muestran efectos cuánticos, pero están ahí. En cada uno de sus movimientos intervienen todas las trayectorias que pudiésemos imaginar, auque sus efectos se cancelen mostrando sólo la trayectoria clásica.

La persistencia de la memoria

Si el universo consiste en la colección de todos los "presentes" posibles, el cambio está garantizado, simplemente porque unos son distintos de otros. En este modelo lo que habría que explicar es por qué hay estructuras estables, es decir, por qué esos presentes se encadenan de modo que algunas estructuras son idénticas en tiempos anteriores y posteriores. Esa es la clave que nos permite recordar, es decir, tener en un instante registros de cómo son otros instantes; también lo que nos permite aprender, es decir, guardar datos estables de cómo es nuestro exterior también estable. Ya sean recuerdos, fotografías, cadenas de ADN o fósiles, esas estructuras estables nos permiten recrear los instantes pasados en que se formaron, y son los que nos generan la ilusión del paso del tiempo y la historia[1]. Sabemos que la estabilidad de cualquiera de esos objetos se basa en su estructura molecular, y por ello en última instancia en la estabilidad de los enlaces químicos que mantienen ligados a los átomos y electrones en sólidos y moléculas. De nuevo el origen de esos comportamientos es cuántico.

Para entenderlo, nos servirá como prototipo de esas ligaduras estables el caso más simple de un electrón y un núcleo, formando un átomo. Puesto que en estos casos no nos preocupa cómo se mueve el conjunto, sino sólo cómo mantienen los componentes su cercanía, podemos imaginar el núcleo fijo y el electrón "orbitando" a su alrededor. El origen de la ligadura es la energía involucrada en la interacción; de modo que, básicamente, se trata de entender cómo el electrón se mueve en el potencial atractivo debido a la interacción entre ambos. Cabe observar, de paso, que el atrape de electrones en pozos de potencial es también el fundamento de muchos sistemas de registro; como memorias electrónicas o dispositivos CCD.

---

1 Según una frase atribuida a J. A. Wheeler "El pasado sólo existe en la medida en que esté registrado en el presente"

Planteado así, nuestro problema se reduce a entender cómo un potencial atractivo puede atrapar una partícula, y cómo ese estado puede mantenerse inalterado en otros instantes futuros.

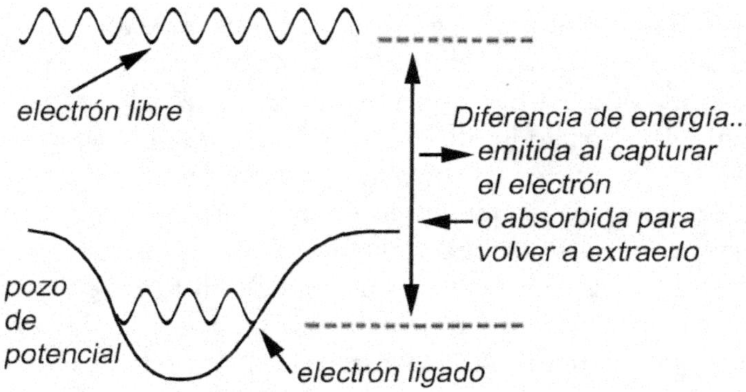

Para comenzar, la figura ilustra el aspecto "energético" de la situación. Un electrón moviéndose libremente tiene más energía que uno atrapado en el pozo energético, y esa diferencia de energía entre ambos estados puede emitirse o absorberse del entorno. En el caso de que las partículas se encuentren aisladas, esa transferencia de energía sólo es posible absorbiendo o emitiendo radiación (fotones); pero si disponemos de más partículas presentes, la colisión con cualquiera de ellas puede realizar la misma función. Por simplificar las cosas supongamos nuestras partículas aisladas y sólo fotones disponibles.

Si un electrón libre se encuentra en la cercanía de ese pozo, espontáneamente puede "bajar" al estado ligado; liberando la energía sobrante en forma de un fotón emitido, que se alejará del sistema. La probabilidad de que ello ocurra se denomina "coeficiente de Einstein de emisión espontánea", y básicamente depende de la forma del pozo y la proximidad del electrón a él. La reacción se puede representar por

"Electrón+Protón → Átomo + fotón".

El proceso inverso es también posible, y es básicamente el mismo. Su probabilidad viene dada por el denominado "coeficiente de Einstein de Absorción", pero éste depende radicalmente de otra condición adicional: la presencia de un fotón. Si bien el proceso de "capturar" un electrón ocurre espontáneamente sin mayores dificultades, una vez que el fotón se marcha ya no podemos contar con él para retroceder. Se trata por tanto de un proceso irreversible, en que de nuevo pasado y futuro se distinguen simplemente por la cantidad de entropía: un fotón alejándose del sistema para deambular por todo lo ancho y largo del universo, tiene muchíiiisima mayor entropía que el par original de partículas. Desde luego conseguir un fotón para liberar al electrón es sencillo, pero sólo interviniendo desde el exterior. Basta dispararlo desde un láser (lo que supone un fotón con menos entropía, a costa de aumentar enormemente la de nuestro laboratorio con una costosa instalación). O podemos poner al átomo en un plasma, en compañía de otros muchos donde abunde la energía necesaria (lo que supone no tener enlaces estables).

Aparte de la ya conocida entropía, marcando el "antes" y el "después", este ejemplo nos muestra otra propiedad básica del enlazado de instantes en el universo: la conservación de la energía. Dos estados diferentes no pueden enlazarse (ser parte de la misma historia) si no tienen la misma energía[1].

Pero ese resultado, con ser importante, no es suficiente para garantizar la estabilidad. Para empezar, ¿que impide tener "algo" en un instante, seguido de otro con todo completamente diferente? La conservación de la energía no basta, ya que podemos imaginar estados muy diferentes con la misma energía. Para empeorar las cosas, en una descripción cuántica ni la velocidad ni la posición de las partículas está bien definida, de modo que tampoco lo están la energía cinética (que depende de la una) ni la potencial (que depende de la otra). ¡En principio nada impide a la partícula cuántica aparecer en un momento dado en cualquier lugar con

---

1 Un análisis más detallado indica también otras cantidades que deben conservarse, como la cantidad de movimiento, el momento angular, la carga total, …

cualquier velocidad! En estas condiciones ¿Qué nos garantiza que un "presente", con el electrón dentro del pozo, tenga que estar enlazado con otro "presente" en que el electrón continúe atrapado?

Habíamos visto que las leyes cuánticas son las que determinan el enlazado de presentes, de modo que apliquémoslas. Para salir de dudas, partamos de nuestro electrón atrapado en el pozo, y preguntémosle a la mecánica cuántica qué futuros le pueden esperar. Para cada posición de partida en t_i , calcular laboriosamente la integral de caminos nos diría por donde y con qué probabilidades lo podríamos encontrar en otro instante t_f. A las complicaciones de ese tipo de cálculos se añade aquí el que de partida no tengamos al electrón en "una posición", sino en toda una distribución de ellas posibles dentro del pozo con sus respectivas probabilidades. Por suerte existe un atajo. Feynman demostró que, en estos casos, todo el cálculo de la integral de caminos es equivalente a plantear la llamada ecuación de Schrödinger[1]. Sin entrar en los detalles técnicos de esa ecuación, nos bastarán tres propiedades de sus soluciones que pueden resumirse así:

1. Para una partícula atrapada en un pozo sólo existen algunos estados ligados con energía bien definida[2] que se denominan estacionarios.
2. Para esos estados la distribución de probabilidad es apreciable sólo allí donde su energía cinética sería positiva (los únicos lugares donde una partícula clásica podría estar; la partícula puede realmente aparecer en cualquier lugar, pero fuera de esas zonas sólo con probabilidades insignificantes).
3. Esa distribución de probabilidad espacial no cambia en el tiempo.

---

1 $i\hbar\partial_t \Psi(\vec{r},t) = \left[\vec{p}^2/2m + V(\vec{r})\right]\Psi(\vec{r},t)$

2 También podría estar en estados con energía "indefinida", pero tendrían que ser alguna combinación de los estacionarios.

Claramente esos resultados nos dicen todo lo que queríamos saber sobre nuestra partícula atrapada en un pozo: Si el pozo no ha cambiado ni se le ha aportado energía adicional, sólo puede seguir dentro del pozo en otro instante posterior, y además con la misma distribución de probabilidad. Para un sistema más complejo (como una molécula o un sólido) la situación sería muy similar: sin un aporte externo de energía o un cambio de su entorno adecuado, una estructura energéticamente estable se mantendrá sin cambios (salvo tal vez oscilar en torno a su configuración más probable).

Básicamente esto explica el origen de la estabilidad de estructuras al enlazar unos presentes con otros, aunque no debe perderse de vista su importante aspecto probabilista a escala cuántica. Es decir, realmente cualquier cambio imprevisible es posible, sólo podemos asegurar que será poco probable. En la práctica, los comportamientos imprevisibles son habituales a escala de electrones o átomos individuales, pero nunca se observan a escalas cotidianas. Básicamente el motivo es que sería tremendamente improbable que multitud de cambios microscópicos se pusieran "de acuerdo" por puro azar, para ocurrir a la vez y sumarse dando un cambio macroscópico.

Por ese motivo ningún sistema de memoria se basa en un solo electrón o partícula cuántica, sino en sistemas formados por gran número de ellos. Gracias a ello vivimos cómodamente a escala cotidiana disfrutando de recuerdos fiables. Por supuesto, eso mismo significa que las cosas se complican a escala microscópica, donde el sentido del tiempo puede no estar tan claro, y construir un ordenador fiable con bits cuánticos (q-bits) no será tarea fácil.

Habiendo mencionado la ecuación de Schrödinger, es oportuno algún comentario sobre ella. Aquí nos ha surgido casi como "un artificio", para tratar más cómodamente el problema de sumar la contribución de una multitud de historias, dadas por el procedimiento de Feynman. Históricamente fue al revés, esta ecuación fue la primera con que se describió el comportamiento cuántico de las partículas, y bastante más tarde Feynman introdujo su interpretación de suma sobre historias; demostrando que ambas técnicas daban los mismos resultados. En muchas aplicaciones la ecuación de Schrödinger sigue siendo el tratamiento más cómodo; que ignora cualquier trayectoria de partículas, y simplemente describe la probabilidad de encontrarlas en cada lugar. Matemáticamente, la ecuación describe cómo esa (amplitud de) probabilidad se comporta y propaga como una onda que acompaña a las partículas; y esa es la interpretación más habitual de la mecánica cuántica. No es de extrañar que muchos investigadores prefieran pensar en la ecuación de Schrödinger y su onda de probabilidad como la verdadera descripción de los fenómenos cuánticos, y considerar la versión de Feynman y sus trayectorias como un simple artificio matemático que da los mismos resultados. Aunque adoptar una u otra postura sea poco más que una cuestión estética, a mí me resulta muy estimulante pensar que realmente ocurre con las partículas lo que dice Feynman, porque ello justifica perfectamente la interpretación del tiempo como un entrelazado de presentes en un universo Babelia.

Y entonces ¿qué hay de los viajes en el tiempo?

Supongo que ningún estudio sobre lo que es el tiempo puede estar completo si no nos aclara algo sobre la posibilidad de viajar a través de él.

Desde luego viajar al futuro es fácil, lo hacemos constantemente. En llegar al día siguiente tardamos sólo un día; y quien duerme o queda inconsciente puede despertar, horas o semanas después, teniendo la sensación de haber pasado sólo un instante. Para viajar un siglo al futuro bastaría con poder congelarnos y despertarnos un siglo después. Lo más complicado sería volver al pasado, y también parece lo más interesante… pocos se apuntarían a un viaje del que no pudiesen volver para contar lo que han visto.

Lo primero que habría que concretar es a qué llamamos viajar en el tiempo. Para considerar que viajo 20 años atrás no bastará con pensar en la versión mía que está en aquel "instante" de hace 20 años, habría que "añadir" allí una versión mía con mi consciencia y mis recuerdos de ahora. Pero eso no tiene mucho sentido en nuestra interpretación de lo que es el tiempo, porque el pasado o el futuro no son "lugares" a los que poder ir, sino sólo otras versiones del universo que forman parte de una misma historia.

Si una versión del universo, que considero mi pasado, cambiase por añadirle algo (como un viajero); entonces sería otra distinta, que quizá formase parte de otra historia pero no de la mía. Y si eso no fue mi pasado, tampoco afectaría a mi presente, ni podré recordar que haya ocurrido.

Por otra parte, visto desde el instante que recibiese un viajero del futuro, equivaldría a tener "recuerdos del futuro"; cosa que ya vimos que no es posible… ¿o sí?

No sería posible porque vimos que un recuerdo es una configuración muy ordenada con información; y vimos que generar ese orden sólo es posible a costa de provocar mucho más desorden (entropía) a su alrededor. Y como esa entropía es lo que marca en qué instante estamos … allí donde haya un recuerdo será el futuro, no el pasado.

Ahora bien, estábamos admitiendo que en Babelia existen todos "presentes" imaginables. Eso significa que seguramente habrá alguno de ellos, con todas las características de ser el año 2000, pero incluyendo una versión mía con recuerdos del año 2010… ¡que tendrá la impresión de haber viajado 10 años al pasado!

El problema es que, por la forma en que vimos enlazarse unos instantes con otros, ese "presente" tan peculiar no pertenecería a ninguna historia que uniese ambos años. Como vimos, al hablar de la existencia de memorias entran en juego las probabilidades. No sería problema tener unos pocos átomos ordenados en el 2000 igual que en el 2010, pero sí que lo estén una cantidad inmensa de ellos como una fotografía o un cerebro con recuerdos. Eso es tan sumamente improbable, que sólo pueden ocurrir como "rarezas aisladas" en la inmensidad de Babelia, sin formar parte de prácticamente ninguna historia.

En definitiva, recibir un viajero llegado del futuro no parece posible. Y si por un rarísimo azar apareciese uno, no traería recuerdos de nuestro futuro, sino del posible futuro de otra historia distinta. Vaya, que sus recuerdos tendrán tan poca fiabilidad como cualquier pronóstico que pudiésemos hacer sin viajar por el tiempo.

Visto que no parece posible fabricar una "máquina del tiempo", la única opción para retroceder en él podría estar en unas extrañas deformaciones del espacio - tiempo llamados "bucles temporales". Dentro de la teoría General de la Relatividad, se trataría de situaciones parecidas a los llamados "agujeros de gusano", en las que el tiempo se repetiría en círculos. Aunque esos bucles temporales sean habituales como argumentos de ciencia ficción[1], aún no está aún nada claro que realmente pueden existir.

El paisaje en Babelia

El modelo Babelia que he descrito para el universo no tiene aplicaciones prácticas, ni predice la existencia de nuevas partículas o energías, pero creo que permite ver algunas viejas cuestiones con otros ojos.

Ya comenté una de esas "viejas cuestiones". Por qué el origen del universo fue tan tremendamente ordenado y con tan baja entropía. La respuesta en Babelia es que tener menos entropía significa estar más lejos en el pasado; de modo que de entre todos los estados posibles, de los más ordenados (por escasos que sean) diremos que son los pasados más remotos. En caso de buscar un inicio para todas las historias, ese tendría que ser el más ordenado imaginable.

---

1 Es el caso de películas como "El día de la marmota", "Feliz día de tu muerte", "Looper", "Al filo del mañana", etc.

Otra cuestión que admitiría una respuesta muy simple tiene que ver con la llamada "Ecuación de Wheeler-DeWitt". Se trata de una ecuación propuesta por esos autores entre los años 1967-70, como una versión cuántica de la Gravitación de Einstein. De ser correcta, supondría un hito en la unificación de las más importantes teorías físicas Cuántica y Relativista, puesto que representaría la función de ondas cuántica del universo incluyendo la gravitación. De hecho, se han obtenido algunos resultados interesantes relacionados con ella por autores como S. Hawking. Aparte de su complejidad, el principal problema de esa ecuación es que no está claro cómo interpretarla… ¡porque en ella no aparece el tiempo![1]. Básicamente lo que proporcionarían sus soluciones son distintas probabilidades para distintas configuraciones del universo. Desde luego en la interpretación del tiempo que hemos visto eso claramente no es ningún problema, bien al contrario ¡es precisamente lo que esperaríamos!

Otra cuestión intrigante tiene que ver con la denominada "no localidad" en mecánica cuántica. Un fenómeno se denomina "local" si lo que ocurre en un sitio depende sólo de las condiciones de ese sitio, o como mucho de los efectos que puedan llegarle de otros. La mecánica cuántica no parece ser así. Lo que ocurre en un sitio podría depender de lo que ocurra en otro lejano, sin que exista posible comunicación entre ellos, y quizá el ejemplo mas famoso sea la llamada "paradoja EPR" por las iniciales de sus autores (A. Einstein, B. Podolsky y N. Rosen), propuesta en 1935. Lo que mostraron esos autores es que, según las leyes cuánticas, medidas hechas en un laboratorio podrían afectar a lo que pueda medirse en otro lejano de modo instantáneo. Las propiedades cuánticas impiden que eso pueda usarse para comunicarse más rápido que la luz, pero es inquietante el que

---

1 Ese suele considerarse el principal problema, pero desde luego no es el único. Su tratamiento matemático presenta también dificultades que aún no está claro cómo interpretar.

algo dependa en un lugar de lo que pueda ocurrir en otro ¡por más alejado y sin posibilidad de comunicación que se encuentre!

Pues bien, en la interpretación del universo Babelia ello no tendría nada de extraño. Como hemos visto en algún caso, un estado cuántico puede consistir en una colección de posibles estados de los que sólo conocemos sus probabilidades. ¿En cuál de ellos está el sistema? La pregunta no tiene sentido, todos son posibles "presentes" reales alternativos. Detectar que el sistema está en uno de ellos, simplemente significa descubrir en cuál de esos presentes nos encontramos (conscientes de que copias nuestras estarán en otros alternativos, y habrán detectado otros estados). Si dos laboratorios alejados comparten algún sistema cuántico, cuando uno determina el estado de su sistema, automáticamente sabe en qué "presente" se encuentran él y su lejano compañero, sin necesidad de comunicarse. Por tanto nada extraño, simplemente una medida cuántica puede indicarnos qué "presente" compartimos, y por tanto decirnos algo de un sistema distante aunque no haya posibilidad de comunicación. Nótese que esta interpretación no aporta "nuevos resultados" a la descripción tradicional del experimento, pero sí hace que resulte natural el tener alguna información de algo aunque no podamos interactuar con ello.

La interpretación cuántica del "encadenamiento de presentes" da pie también a una sugerencia interesante. Como en su momento describimos, para calcular la suma de contribuciones por todas las historias posibles se emplea una técnica consistente en calcular todos los "troceados" (discretizaciones) posibles del espacio y el tiempo. Quizá ese procedimiento, más que una mera técnica de cálculo, podría tener un significado más profundo. Nótese que nuestra descripción del tiempo como una secuencia de "presentes" sugiere de algún modo que esos presentes sean discretos, "uno tras otro". No parece muy realista imaginar entre dos estados cualquiera, por muy juntos que estén, toda una secuencia continua de infinitos estados diferentes. Del mismo modo, considerar que todas las partículas del universo puedan estar en todas las configuraciones posibles, sugiere que el espacio tampoco sea continuo sino formado por diminutas unidades recolocables.

En cierto modo los intentos de combinar la mecánica cuántica y la relatividad general parecen sugerir esa discretización del espacio y el tiempo en pequeñas unidades, que podrían ser las denominadas longitud y tiempo de Planck. Aunque parece lejana aún la unificación de esas dos teorías, el estudio de los agujeros negros parece confirmar esta discretización. En concreto indica un límite a la cantidad de estados o información que cabe en un una región cualquiera del espacio; de modo que la entropía que contienen determina su tamaño (es proporcional a su superficie). Precisamente en esta misma dirección apuntan también algunas teorías cuánticas de la gravedad, como la "gravedad cuántica de lazos".

Aparte de este tipo de consecuencias, terminaré haciendo notar el peculiar panorama que sugiere todo lo comentado sobre la estructura de nuestro universo Babelia. En él existen todos los estados posibles, pero no todos son igual de probables (algunos tan poco, que podríamos ignorar su existencia).

Pero además, el apartado sobre la estabilidad de las estructuras indica que esos estados se "alinean" en series que mantienen su continuidad a lo largo del "tiempo". En concreto, dado un estado con alta probabilidad, existen multitud de otros estados que forman parte de su misma "historia", y que comparten estructuras comunes también con alta probabilidad. Un rasgo característico de esas estructuras estables es que ocurren en la dirección en que aumenta la entropía, de modo que instantes con más entropía contienen copias de otros instantes con menos entropía. Un ejemplo de esas estructuras es cualquier fotografía o los recuerdos en nuestro cerebro, que nos permiten generar la ilusión de que el tiempo fluye. A esas estructuras denomina J. Barbour "cápsulas de tiempo".

En su modelo[1] J. Barbour propone una imagen de su universo "Platonia" que sería aquí perfectamente aplicable. El universo podría visualizarse como un complejo y vasto paisaje multidimensional, en el que cada punto representaría una de sus posibles configuraciones. A cada punto le correspondería una probabilidad (o mejor dicho una amplitud de probabilidad). Esa probabilidad podríamos representarla como un "vapor" que llena todo el escenario, concentrándose en los estados más probables y escaseando en los poco probables. Las posibles historias, secuencias de presentes, serían trayectorias en ese paisaje. Todas las ramificaciones serían posibles en esas trayectorias, aunque las más probables (o más conectadas) vendrían marcadas por zonas donde esa "nube de probabilidad" está más concentrada. Esas trayectorias con alta probabilidad, contendrán además estructuras que aparecerán y se mantendrán estables en la dirección de entropía creciente. En ese escenario no "transcurre" ningún tiempo, aunque podríamos llamar así a la distancia de un punto a otro sobre cada trayectoria. En algunos de esos puntos, criaturas formadas por esas configuraciones contemplarán copias de estados con menos entropía (que denominarán "pasado"), mientras solo podrán conjeturar probabilidades y la conservación de algunas de ellas para estados de más entropía (que denominarán "futuro").

---

1 J. Barbour, *The End of Time: The Next Revolution in Physics*, Oxford University Press, 1999

REFLEXIONES

COMO EL NIÑO QUE SE ASUSTA DE UN GARABATO TORCIDO

El árbol era grande y su dura madera había resistido el paso del tiempo y las garras de fieras corpulentas, pero al hombre paciente y habilidoso pocas cosas se le resistían. La tarea no fue fácil pero cuando al fin, triunfal, puso un pie sobre el tronco caído se sintió poderoso.

Nuestro protagonista no necesitaba buscar guaridas como los animales, podía construirlas él mismo. Esto le hacía sentirse importante. Con destreza troceó el tronco y separó las ramas con que construir su refugio. En él estaba a salvo del sol abrasador y no temía al viento helado del invierno. Allí se sentía seguro.

Las ramas más toscas e irregulares del árbol arderían para calentarlo. Se sentía satisfecho de dominar el fuego.

Algunas ramas fueron separadas para fabricar herramientas con que levantar vallas o cavar la tierra. Tampoco el suelo se les resistía a los suyos, pues no necesitaban adaptarse al terreno como otras criaturas, sino que podían modificarlo. Se sentía orgulloso de ello.

Afilando una larga vara fabricó una lanza. Con otras menudas prepararía flechas. Otra más gruesa se convirtió en una maza que multiplicaba la fuerza de sus brazos. Con sus armas podía enfrentarse a cualquier animal. Definitivamente era el amo de su mundo.

Pero más allá de su fuerza o habilidad, los de su especie tenían un don que los hacía radicalmente distintos a cualquier otro ser. Tenía imaginación, un don prodigioso fuente de inagotable creatividad. En su cabeza podía idear objetos que no existían, para fabricarlos luego si le parecían útiles. Imaginar era parecido a recordar, sólo que lo imaginado no necesitaba haber ocurrido aún. Sin ningún esfuerzo, podía verse a sí mismo haciendo una tarea antes de siquiera empezarla, y de esa forma prever lo que necesitaría para ella. Podría imaginarse abrigado por una piel bajo la nieve del próximo invierno, y comenzar a curtirla durante el verano. Podía imaginar un problema y anticipar una solución. El único peligro de este don maravilloso era que también podía imaginar ideas disparatadas y terroríficas, pero para eso estaba su razón, que le permitía distinguir lo aprovechable de lo absurdo.

A pesar de su poder, nuestra criatura era consciente de sus limitaciones, y el mundo tenía muchos misterios para él. Desconocía qué hacía brotar las plantas o sucederse días y estaciones. Desconocía de dónde procede la fuerza del rayo y el viento, y si cosas tan poderosas tenían voluntad propia o eran ciegas como el desplome de una roca. Combinando entendimiento e imaginación era consciente del tiempo, pues comprendía que el mundo ya estaba antes de que él naciese, y que algún día seguiría ya sin él. Cuando dormía soñaba, ¿soñaría cuando muriese? ¿De dónde había surgido cuanto le rodeaba? ¿Desde cuándo había personas como él? Desde luego se sentía importante, pero también pequeño comparado con un universo tan complejo y poderoso, un universo movido por fuerzas cuyo origen (y tal vez finalidad) no alcanzaba a comprender. Desde luego, más allá de comer y sobrevivir, tenía inquietudes que no preocupaban a las otras criaturas.

Un día, mientras descansaba, se fijó en un trozo de madera que había desechado por inútil. Demasiado pequeño para merecer guardarse en la leñera, y demasiado deforme para hacer nada con él, se le ocurrió tallarlo para entretenerse. Como hemos dicho, tenía una gran creatividad.

Ni el material ni el artesano eran buenos, de forma que el resultado fue un tanto grotesco. Cuando terminó, mirando la extraña figura a la que sus propias manos habían dado forma, se sintió inquieto. Semejante tarugo deforme no hubiese sugerido nada a cualquier animal, pero él intuía cosas más allá de lo que se podía ver y tocar. Desconcertado por tan insólita posibilidad, su razón dudó y esa fue su perdición; pues la imaginación, libre de ataduras, hace las propuestas más descabelladas. ¿Con qué misterios podría aquello tener relación?, ¿Tal vez de algún tipo que ningún arma podría defenderle?, ¿Serían esas fuerzas, caprichosas pero amigas de halagos como él? Es natural temer lo desconocido, de modo que decidió mostrarse prudente y humilde ante objeto tan poderoso. De este modo, no sólo esperaba lograr que le fuese benévolo, sino incluso llegar a tenerlo de su parte.

Y así fue como la criatura más poderosa del mundo, se vio adorando un desperdicio inútil que él mismo había tallado, y al que acababa de otorgar fantásticos poderes salidos de su imaginación. El ser que apenas temía ningún peligro real, sintió miedo por cosas que realmente no existían.

Lo más triste de esta historia, querido lector, no es que le falte un final feliz sino que le falte un final, pues nunca ha dejado de repetirse. No importa cuanto poder sobre el entorno nos proporcione nuestra tecnología; en el fondo las personas somos las mismas, y siempre habrá mucho que desconozcamos y suposiciones sin fundamento que imaginar. Tratándose de atribuir propiedades absurdas a los objetos más extravagantes, al menos hay que reconocer que hemos ganado en variedad. Tenemos misteriosos poderes asignados sin ningún fundamento a muchos números, colores, sonidos, minerales, fechas o hasta gestos de las manos. Tenemos supersticiones, amuletos y remedios milagrosos en que mucha gente confía sin pararse a pensar lo absurdos que puedan ser. Existen todo tipo de manías, obsesiones y enfermedades imaginarias, que agobian a quien le falta el sentido común de desecharlas. No en balde, hace ya más de 500 años que una pensadora llamaba a la imaginación "la loca de la casa"

Hoy, como siempre, es tentador tener entre las manos algo tangible e imaginarle fantásticas propiedades; sin pararse a pensar que carecen de fundamento. Hoy, como siempre, pocas personas se angustian por las fieras o las inclemencias del tiempo; pero muchas por descabelladas ideas salidas de alguna cabeza. En definitiva, hoy como siempre, hace falta mucha sensatez para no ser como el niño que se asusta de un garabato torcido que él mismo acaba de dibujar.

NÚMEROS PARA LOS SIGLOS TRAS MUCHOS SIGLOS DE NÚMEROS

¡Quién no conoce la numeración romana! Por mucho que haya caído en desuso, hay que reconocerle cierta especial elegancia que la mantiene aún hoy para algunas aplicaciones. A mí, la primera imagen que me evocan es la esfera de algunos majestuosos relojes. Pero para conocer algunas más, nada como consultar el *Diccionario panhispánico de dudas*[1] de la Real Academia Española de la lengua. Allí vemos que su uso se restringe básicamente a la numeración de siglos; nombres propios de papas, reyes o emperadores (Carlos V, Juan Pablo II); congresos, campeonatos, festivales, olimpíadas, etc. (III Certamen de Poesía); y en la literatura para la separación de volúmenes, partes, cantos, capítulos, secciones, etc. (capítulo II, acto III).

Sobre su origen, lo que tal vez no sepa el lector es que probablemente sería preferible denominarla numeración etrusco-romana, para hacer honor a sus creadores. Básicamente los romanos tomaron la antigua numeración etrusca y cambiaron los símbolos originales por las letras más parecidas de su alfabeto latino. Del mismo modo nuestro actual sistema de numeración arábigo sería más propio llamarlo indo-arábigo, ya que se originó en la India hace casi

1 http://lema.rae.es/dpd/srv/search?id=QHaq7I8KrD6FQAyXTS

15 siglos, y fue la cultura árabe la que originó los actuales símbolos en época de al-Ándalus[1]. No obstante, su adopción generalizada tuvo que esperar a la invención de la imprenta y la difusión cultural que ella permitió. Desde luego los números llevan muchos siglos acompañándonos.

Volviendo a los romanos, curiosamente ellos no leían sus números como los escribían. Así para "I" distinguían entre el nombre de la letra "i" y el número uno al que llamaban en latín "unus". Del mismo modo los números II y III no se leían "unus unus" ni "i i i", sino que se nombraban en latín "duo" y "tres". Un romano podría escribir "XL" para su edad, pero nunca diría tener "ex el" años (nombre de esas letras en latín), sino "quadraginta" años. En general todos los números tenían sus propios nombres muy similares a los usados actualmente en español y la mayoría de lenguas románicas, como por ejemplo "novem" para "IX" o "viginti" para "XX".

En cualquier caso, no está claro si los romanos avanzaron poco en matemáticas por disponer sólo de números tan incómodos, o si los mantuvieron así porque nunca mostraron demasiado interés en esa ciencia. Alguien dijo en cierta ocasión, que lo único de cierta trascendencia en matemáticas que se le puede atribuir al imperio romano fue el asesinato de Arquímedes durante el asalto a Siracusa.

Pero no quería hablar aquí de la historia de la numeración, sino de su uso actual.

Creo que la imagen de un "8" a todos nos evoca inmediatamente un "ocho". Por el contrario, quizá yo padezca algún tipo de discapacidad, pero cuando veo "VIII" necesito unos instantes para "contar palotes" y sumar "5+1+1+1" antes de saber a qué número se refiere. Eso no me molesta cuando es ocasional, pero sí y mucho cuando abundan en un texto, y me distrae constantemente del hilo de su lectura. Si algún lector no acaba de convencerse le

---

[1] Y la que a través de matemáticos de la talla de al-Jwarizmi mostró sus enormes ventajas para el cálculo.

recomiendo un sencillo experimento… Escriba bien claro en una cartulina algún número como "XLIV" "XXVII" o "XVIII", muéstrelo a algún voluntario durante un instante muy breve, y pregúntele luego qué número ha visto. A mí normalmente me dicen que no les ha dado tiempo a leerlo; cosa que no suele ocurrir cuando escribo "44", "27" o "18".[1]

El caso es que andaba yo escribiendo cosas como "… la relatividad no se descubrió en el siglo 20 sino en el 17, y fue Galileo …", cuando una buena amiga (de "letras") amablemente me hizo notar mi error. Y es que la Real Academia no autoriza escribir los siglos así, con números arábigos. La observación no me hubiese preocupado gran cosa, de no ser por entrar dos razones en conflicto. Por una parte mi respeto por la gran labor de esta institución. Por otra mi deseo de facilitar, cuanto sea posible, la lectura de lo que escribo. Me tocaba elegir…

1. Acatar y corregir todos mis siglos "17" por "XVII"
2. Resistirme astutamente poniendo en letra "siglo diecisiete"
3. Dejar "siglo 17" y, cuando recibiese críticas, excusar mi incultura por ser de ciencias.
4. Mantener "17", y en nota al pié dejar claro que estoy en contra de la prohibición de hacerlo, y que lo hago adrede por reivindicar su uso al menos en textos técnicos.

La primera opción definitivamente no me agrada. Siempre me ha resultado "incómodo" leer un texto con abundantes siglos en numeración romana, y me disgusta perpetuar semejante tradición cuando soy yo el que escribe. La segunda opción tampoco me atrae, los números me parece que se captan mucho mejor en cifras que en letras. Y desde luego detesto 3ª la opción… me fastidia que a un físico se le denomine inculto si no ha leído a Homero, pero un filólogo

---

1 Supongo que esa facilidad para ser captados exigiendo mucha menos atención, es lo que ha hecho que cada vez más los paneles de carreteras indiquen "salida N-4" en vez "N-IV" que era antes lo habitual.

pueda presumir de ignorar lo que es la fusión nuclear. ¡Precisamente lo contrario de lo que pretendo al hacer divulgación científica! Finalmente, mientras dudaba entre las opciones 1ª y 2ª, decidí informarme sobre los motivos de esa norma; y acabé en la 4ª opción reivindicativa, al descubrir que ninguno de ellos me convencía.

Comenzando por la FUNDEU[1], en su página web encontré el siguiente argumento[2]:

> "La razón de fondo es que, en rigor, los siglos son ordinales, no cardinales. Aunque hoy sea frecuente decir *siglo uno*, en propiedad es *siglo primero*. Lo que ocurre es que a partir del diez los ordinales se leen como cardinales (*siglo veinte*) y eso está desplazando la forma originaria en los primeros siglos. Esto explica que sean números romanos, que tienen valor ordinal, y no números arábigos, que en principio tienen valor cardinal. Observe que incluso en inglés se dice *20th century*, ordinal y no cardinal."

Aquí siento discrepar en casi todo. Por lo que respecta a los números romanos, es posible que su uso haya quedado relegado a pequeños enteros (como los tomos de un libro o los reyes de una dinastía) que suelen indicar orden; pero desde luego los romanos los usaban para contar dinero o cantidades de cualquier naturaleza, tuviesen o no sentido de orden.

Por lo que respecta a los siglos, tampoco es claro que sean ordinales. Claro está que pueden considerarse así, especialmente los primeros; pero cuando nos referimos en castellano a los siglos 21 o 19, creo que pensamos en una forma de nombrar dos puntos de la línea temporal, no en sus situaciones "vigésimo primera" o "décimo novena" de entre los transcurridos desde tiempos de Cristo. Desde luego eso depende del contexto cultural, y no creo que pueda

1 https://www.fundeu.es/

2 https://www.fundeu.es/consulta/siglos-por-que-no-en-numeros-arabigos/

extrapolarse de unos idiomas a otros. Así en inglés sí que se consideran ordinales, citándolos como "21th" o "19th centuries"; pero también lo hacen con los días de cada mes escribiendo "27th may", y ni uno ni otro ejemplo me parecen "pruebas" de que siglos y días "debamos" considerarlos ordinales en castellano.

Por si eso fuese poco, la misma Real Academia en su *Nueva Gramática de la Lengua Española*[1] indica que **no deben** leerse como ordinales a partir del 11, y es opcional hacerlo del 1 al 10:

> "Para hacer referencia a los siglos, del I al X se usan indistintamente cardinales y ordinales. Así *siglo III* (escrito con números romanos) se lee *siglo tercero* o *siglo tres*, pero del siglo XI en adelante, el uso general sólo admite los cardinales: *siglo XII* (se lee *siglo doce*), *siglo XX* (*siglo veinte*), etc."

En otra de sus indicaciones la FUNDEU considera anglicismo[2] el uso de números arábigos para numerar siglos. Tampoco puedo estar de acuerdo con ello. Desde luego ese es el convenio en inglés ¡pero no sólo en inglés! También es el caso del alemán, noruego, danés, … y en general de casi todas las lenguas germánicas. Pero aún así, yo no recomendaría denominarlo "germanismo", porque el mismo criterio utilizan otras muchas lenguas: De origen céltico como el Galés, de origen eslavo como el Checo, y de muy diversos orígenes como el griego, chino, finlandés, vietnamita, …

En mi opinión, usar esa numeración para los siglos debería considerarse más bien como un "arabismo" dado su origen, y aceptarlo gustosamente en nuestra lengua; al igual que arabismos como "alfeizar", "almohada" o "alfombra". Más que una contaminación lingüística, creo que debería considerarse un ejemplo de sentido común.

---

1 http://aplica.rae.es/grweb/cgi-bin/v.cgi?i=pnPvSBbTLpHLXCVK

2 https://www.fundeu.es/consulta/siglo-21-o-siglo-xxi-29522/

En definitiva, yo propondría reservar la numeración romana para expresiones sencillas donde aportan cierta elegancia, como el lomo de un libro, la inscripción de un monumento o la esfera de un reloj; pero no *imponer* su uso en textos en que aparezcan repetidamente.

Por si alguien está pensando que semejantes objeciones sólo se le ocurren a "alguien de ciencias", me haré eco de un autor tan "de letras" como José Martínez de Sousa (bibliólogo, tipógrafo, ortógrafo, lexicógrafo, etc), que en su *Ortografía y ortotipografía del español actual*[1] recomienda

> "El empleo de la numeración romana debe restringirse cuanto sea posible [...], no solo porque es un sistema en vías de extinción, sino también por los problemas de escritura y lectura que presenta".

Por terminar con un argumento histórico, recordaré que España (a través de al-Ándalus) contribuyó a generar y difundir universalmente nuestra actual numeración arábiga. Me resulta muy paradójico que en esa misma tierra sea hoy incorrecto llamar "siglo 9" a la época en que al-Jwarizmi la proponía en su libro "Cálculo con números Indúes", y que se exija aún el uso de la anterior más primitiva e incómoda.

En fin, quede aquí mi punto de vista, que espero se considere una crítica constructiva a la RAE. Cosas más raras han aceptado, como escribir "sicólogo" porque simplemente mucha gente escribía mal "psicólogo". Al menos veo mejor motivada mi propuesta; no imponer un método arcaico e incómodo de numeración, allí donde los motivos estéticos no lo requieran.

Me encantará que algún día (preferiblemente de este mismo "siglo 21") un lector encuentre irrelevantes estas líneas porque ya no exista "prohibición" de escribir nuestro siglo así.

---

1 MARTÍNEZ DE SOUSA, José Martínez. *Ortografía y ortotipografía del español actual ISBN 978-84-9704-353-3.*

BUSCANDO RECETAS CONTRA LA BRECHA DE GÉNERO

Las estadísticas suelen ser incuestionables, pero sus interpretaciones siempre debemos cuestionarlas dos veces. Así, es incuestionable la famosa "brecha de género", pero no tanto el diagnóstico simplista que suele hacerse de ella. En casi todos los ámbitos, las mujeres son minoría en los puestos de más responsabilidad, reciben menores salarios por trabajos similares, sufren mayor precariedad laboral, y mayor tasa de desempleo. La conclusión "fácil" es que vivimos en una sociedad machista que explota y discrimina a las mujeres. No discuto que queden aún restos de esa mentalidad en nuestra sociedad, pero discrepo de ese diagnóstico. Mientras no seamos concientes de la complejidad del problema y su verdadera naturaleza, seremos incapaces de resolverlo.

Supongamos que, a base de una encarnizada lucha por concienciar y educar en la igualdad, lográsemos erradicar cualquier actitud discriminatoria por razón de género. Ahora supongamos que debemos elegir un candidato para cubrir cierto puesto en dos contextos muy diferentes, uno público y otro privado.

Como ejemplo de ámbito público citaré el universitario, que me es bien conocido. En él, una comisión valoraría mediante un baremo los méritos en el currículum de cada candidato (su movilidad en centros extranjeros, el número y calidad de sus publicaciones, sus muchos méritos logrados en el ambiente universitario a base de incontables horas dedicadas). La persona que obtenga más puntuación y demuestre más capacidad será la elegida.

En el ámbito privado probablemente lleve el proceso una sección de personal, que calculará lo que cada candidato puede aportar a la empresa. Las horas que estarán dispuestos a dedicarle, su estado de salud que determinará las posibles bajas médicas, su preparación, su disponibilidad para viajar o reubicarse en distantes sucursales, etc.

En ambos ejemplos, quienquiera que sea el/la aspirante, estará en inferioridad de condiciones si decide dedicar parte de su tiempo a una vida familiar, al criado y educación de unos hijos, o a la atención a familiares con dependencia. ¿Es eso censurable? Con una respuesta breve resumiré mi diagnóstico del problema: no es censurable, pero si no somos capaces de evitarlo jamás acabaremos con las famosas "brechas de género".

En el ámbito universitario, ¡cómo censurar que se opte por el mejor currículum! En el ámbito empresarial, ¡cómo censurar que se opte por el mejor rendimiento para el negocio!

Por lo que conozco de la universidad por profesión, y del ámbito empresarial por mi vida privada, estoy convencido de que en ambos la "brecha de género" no sólo proviene hoy de actitudes machistas o de menosprecio a la valía de las mujeres. Como universitario sabemos que alumnas e investigadoras son tan brillantes como sus compañeros masculinos. Los empresarios también saben que las mujeres son tan eficientes como los hombres, y a veces incluso mejor preparadas, conscientes de que pueden encontrar más dificultades.

El verdadero origen del problema está en que nuestra sociedad pone difícil conciliar vida familiar y profesional, y que hombres y mujeres suelen dar diferente importancia a ambas. Ante la disyuntiva, es más frecuente que una mujer opte por sacrificar lo profesional. Esas disyuntivas son las que tenemos que erradicar.

Los datos que estos días nos bombardean lo pregonan: Ellas cobran de un 15% a un 25% menos por trabajos similares, y ellas dedican el doble de tiempo a tareas domésticas. ¿Es que nadie se ha dado cuenta de lo perverso de ese círculo vicioso?... si cobras menor salario te compensa dedicar más tiempo a labores domésticas, si dedicas más tiempo a labores domésticas puedes sacrificarte menos por tu profesión.

Mientras las únicas soluciones sean tener menos hijos o más ayudas para dedicarles menos tiempo, no estaremos resolviendo el problema, y posiblemente nos estaremos perjudicando todos como conjunto. Creo que resolver el problema exige fijar normas que valoren la vida familiar en vez de penalizarla. Como intentaré explicar, eso no es tan difícil aunque cuesta dinero. ¡Tal vez un dinero muy rentable si resuelve el problema!

Comencemos por el ámbito empresarial. Hasta ahora no se ha pasado de reconocer a la mujer derechos de baja o reducción de jornada por embarazo, lactancia, cuidado de hijos, etc. Esas medidas, lejos de ser la solución son en muchos casos el problema, ya que se hace recaer en las empresas la carga económica que suponen. No es de extrañar que un empresario eche sus cuentas antes de contratar, y le salga el saldo más positivo para un hombre.

Reconocer también a los hombres derechos por paternidad es un gran avance, pero no la solución completa, dado el límite biológico de la gestación y lactancia. Pretender además que esos derechos (que al final benefician a todos) le salgan gratis a la sociedad, es como poco de malos economistas. En casos así, obviamente, la solución tiene que ser pública, vía subvención.

Todos entendemos subvenciones por contratar parados de larga duración, personas con discapacidad o jóvenes en su primer empleo. Deberían implantarse también durante periodos de baja o reducción de jornada por maternidad. Lejos de ser "otra carga" acabarían aportándonos más beneficios sociales de lo que cuestan. El día que a cualquier empresa le salga tan rentable una empleada sin hijos como una con seis embarazos, habremos dado un gran paso en la igualdad. Si de paso logramos que las familias no tengan que elegir entre tener otro hijo o llegar a fin de mes, estaremos resolviendo además problemas demográficos y asegurando las futuras pensiones.

Si además favoreciésemos la dedicación a los hijos probablemente estaríamos ahorrando en muchos otros problemas, y más aún si fuese durante toda su vida escolar y no sólo los primeros meses tras el nacimiento.

Se me ocurren alternativas más baratas para lograr la igualdad, que son desde luego peores. Por ejemplo podríamos exigir por ley la absoluta paridad en la contratación, obligar a toda empresa a que cada sucesivo contrato deba alternar entre hombres y mujeres. De nuevo es pasar al sector privado una carga que al final probablemente paguemos todos. Además ¿cómo evitar que, respetando los números, no estén sesgadas las características de cada contrato según género?

En el ámbito público la situación es muy distinta, pero la desigualdad se cuela por otra puerta. Allí el coste de la maternidad "para la empresa" no cuenta, y los criterios de "igualdad, mérito y capacidad" deciden. Pero en ese caso, como ya he explicado, el problema es que dedicar tiempo a la vida familiar significa automáticamente estar en inferioridad de condiciones en cualquier baremo u oposición. Desgraciadamente además, coinciden la etapa de la vida en que uno "prepara su currículum" con la óptima biológicamente para una gestación. Creo que en tales casos la única solución sería la inclusión en pruebas y baremos de una puntuación adicional por hijos (contando partos, adopciones, permisos de paternidad o maternidad, etc.). Dentro del ámbito universitario que conozco, más de una cara estará cambiando de color al escuchar semejante "propuesta aberrante"... ¡Cómo equiparar en un currículum investigador algunas publicaciones con un embarazo!

Como primer defensa, mantendré la que esas caras descoloridas considerarán más débil: o lo hacemos o jamás lograremos la verdadera equiparación. Siempre tendremos más hombres que mujeres en las cátedras aunque tengamos mismo número de alumnos que alumnas en las aulas.

Como argumentos más elaborados se me ocurren también algunos. Para empezar, en los baremos ya se equiparan cosas muy distintas, y apartados del tipo "otros méritos" siempre cuentan algo (incluso aunque no guarden relación con el puesto solicitado).

Otro argumento es que no es fácil atender una vida familiar a la vez que se acumula currículum o se prepara una oposición. Alguien que aspira a compaginar ambas cosas normalmente está muy motivado. Es fácil que no haya podido acumular tantos méritos en sus comienzos, pero seguramente rendirá como cualquier otro compañero pasada su etapa de maternidad o paternidad. Valorar en un baremo el tiempo dedicado a unos hijos es una forma de no desperdiciar personas valiosas y esforzadas cuyo "defecto" es querer también una familia.

Al igual que para el caso privado, exigir una paridad "matemática" en contrataciones y promociones sería una (pobre) alternativa. Háganse listas separadas de hombres y mujeres en cualquier oposición, y cójanse por orden los aspirantes alternando de una a otra. Mala solución para mi gusto. Estaríamos dejando al azar elegir en muchos casos por "el sexo que toca" y no por los méritos. Estaríamos favoreciendo a una mujer que no haya tenido hijos frente a un hombre que sí haya cuidado de los suyos, etc.

Creo que medidas como las sugeridas tendrían un efecto real inmediato. Ojalá nos pongamos todos a pensar otras similares que vayan a la raíz del problema, no a los síntomas. Pero mientras se toman, habrá que seguir intentándolo con otras más convencionales. Cabe recordar que los países desarrollados con mayores tasas de fecundidad son también los que tienen mayor porcentaje de mujeres en el mercado laboral. Son imprescindibles las medidas para facilitar la conciliación con la vida familiar, así como para racionalizar y flexibilizar horarios. Debemos esforzarnos por inculcar la idea de la igualdad en el sistema educativo. Debemos desterrar las manifestaciones o insinuaciones discriminatorias en los medios de comunicación. Debemos generalizar la educación de 0 a 3 años. Debemos potenciar los servicios públicos de atención a personas dependientes, que de lo contrario suponen muchas cargas y ataduras, y que acaban asumiendo en mayor porcentaje mujeres quizá por su mayor sensibilidad.

Sobre la ayuda pública a la natalidad, aunque sea cambiar un poco de tema; me gustaría recordar que en los países desarrollados somos poco conscientes del problema (serio y amenazante) de la baja natalidad y el envejecimiento de la población. Si de verdad lo fuésemos, entenderíamos que debemos emplear recursos en resolverlo, al igual que lo hacemos con la contaminación, la seguridad o el mantenimiento de infraestructuras. Si se ofreciesen cuantas ayudas fuesen necesarias para que un hijo no suponga a nadie hipotecar su economía ni su carrera profesional, sospecho que se resolvería el problema de inmediato. En última instancia, estamos hablando de dinero (para guarderías públicas, y para subvenciones a empresas y familias). Temo que en estos casos, como en todos los que requieren visión a largo plazo (uso de recursos naturales, cuidado del medio ambiente, etc.) es difícil convencer a los contribuyentes para invertir en algo que sólo dará beneficios a otras generaciones.

Escribo esto un 8 de marzo, día de la mujer, y en buena parte estas reflexiones son fruto del bombardeo de noticias y comentarios estos días sobre el tema en los medios de comunicación. Ojalá, igual que a mí me han movido a ponerlas por escrito, sirva para concienciar masivamente sobre la importancia y la complejidad del tema.

Por cierto, detesto los sexismos, y eso engloba tanto al machismo como al feminismo fundamentalista, o a cualquier diferencia de actitud o trato por razón de género. Por ello no me gusta ningún tipo de discriminación, ni aunque sea "positiva". Dicho esto, es posible que haya que ser un poco tolerante con el feminismo "extremista" hasta que el problema se resuelva, o de lo contrario temo que vaya para largo.

ÍNDICE DE CONTENIDOS

ACERCA DEL AUTOR

Francisco Blanco Ramos es Doctor en Ciencias Físicas, profesor Titular de la Universidad Complutense de Madrid en el departamento de "Física de Estructura de la Materia, Térmica y Electrónica". Su línea de investigación habitual es la Física Atómica y Molecular, en la que es autor de cerca de 200 artículos en revistas científicas internacionales. Su experiencia docente (más de 30 años) se ha centrado en la formación matemática que requieren los físicos (especialmente el análisis matemático) y en temas de Física Atómica y Molecular o de Plasmas, relacionados con su actividad investigadora. Se considera a sí mismo un apasionado por descubrir cómo funcionan las cosas, y por contagiar a los demás su sorpresa y entusiasmo ante ese descubrimiento.

v7.

www.ingramcontent.com/pod-product-compliance
Lightning Source LLC
Chambersburg PA
CBHW072131170526
45158CB00004BA/1334

9781076129635